"十四五"高等职业教育电子与信息类系列新形态教材
国家"双高计划"电子信息工程技术专业群建设成果

PHP网站开发项目化教程

郑慧君　彭　勇　周　芹◎主　编
董崇杰　祝衍军　汪　嘉◎副主编

中国铁道出版社有限公司
CHINA RAILWAY PUBLISHING HOUSE CO., LTD.

内 容 简 介

本书是国家"双高计划"电子信息工程技术专业群建设成果,依据"1+X Web前端开发职业技能等级证书"要求和"全国职业院校技能大赛"应用软件系统开发赛项竞赛内容,结合软件企业、移动智能终端研发等企业的工作内容及职业技能要求而编写,将程序设计理论与实践充分结合。

本书按照"以岗位核心与基础能力为导向、以项目为载体、任务驱动"的总体要求,以形成项目需求分析与设计能力和利用高级编程语言进行动态网站编程能力为基本目标,紧紧围绕完成工作任务的需要来选择和组织内容。全书分为两大部分,共八个项目。第一部分为PHP语法基础,包含项目1～项目5,以掌握PHP程序设计为目标,精心设计了14个任务;第二部分为新闻发布系统开发,包含项目6～项目8,以新闻发布系统的后台开发为主线,融入PHP网站开发的知识点,精心设计了15个任务,强化第一部分知识点的灵活运用,培养使用PHP进行实战的能力。本书配备的教学资源有教学设计、教学PPT课件、29个任务知识点讲解和案例操作解析视频、案例程序源代码、习题及素材等,读者可在中国铁道出版社教育资源数字化平台下载。

本书适合作为高等职业院校的计算机网络技术、计算机应用技术、物联网应用技术等计算机类和电子信息类相关专业PHP课程的教材,也可作为网站设计工作者及爱好者的自学读物。

图书在版编目（CIP）数据

PHP 网站开发项目化教程 / 郑慧君，彭勇，周芹主编.
北京：中国铁道出版社有限公司，2025. 2. -- （"十四五"高等职业教育电子与信息类系列新形态教材）.
ISBN 978-7-113-31000-4

Ⅰ. TP312.8

中国国家版本馆 CIP 数据核字第 2024ZM7421 号

书　　名：PHP 网站开发项目化教程
作　　者：郑慧君　彭　勇　周　芹

策　　划：唐　旭　　　　　　编辑部电话：（010）51873090
责任编辑：刘丽丽　贾淑媛
封面设计：刘　颖
责任校对：刘　畅
责任印制：赵星辰

出版发行：中国铁道出版社有限公司（100054，北京市西城区右安门西街 8 号）
网　　址：https://www.tdpress.com/51eds
印　　刷：北京联兴盛业印刷股份有限公司
版　　次：2025 年 2 月第 1 版　2025 年 2 月第 1 次印刷
开　　本：850 mm×1 168 mm　1/16　印张：12.5　字数：323 千
书　　号：ISBN 978-7-113-31000-4
定　　价：59.00 元

版权所有　侵权必究

凡购买铁道版图书，如有印制质量问题，请与本社教材图书营销部联系调换。电话：（010）63550836
打击盗版举报电话：（010）63549461

前言

新一代信息技术正在深刻改变着各行各业的运作方式，不断推动互联网和软件开发的变革，进一步推动着社会的数字化转型。PHP作为一种运行于服务器端并且完全跨平台的嵌入式脚本编程语言，以其易学性、灵活性和强大的功能在Web开发领域发挥着重要作用。学习PHP不仅能够提高读者的编程技能，还能帮助读者在Web开发、数据库管理、API开发等多个领域找到工作机会。无论读者是想从事前端开发、后端开发，还是全栈开发，掌握PHP都是一项重要的技能。通过学习和实践，读者可以创建各种类型的Web应用，提升职业竞争力。

本书是国家"双高计划"电子信息工程技术专业群建设成果，旨在打造一本系统、全面且实用的PHP网站开发教材。编者依据"1+X Web前端开发职业技能等级证书"要求和"全国职业院校技能大赛"应用软件系统开发赛项竞赛内容，结合软件开发企业、移动智能终端研发等企业的工作内容及职业技能要求，将程序设计理论与实践充分结合，为初学者和有一定网页设计和数据库基础的开发者提供从PHP程序设计到精通PHP网站开发的指导。希望通过学习本书，读者能够快速掌握PHP开发的核心技能，独立完成项目，迎接更大的挑战。

全书内容分为两大部分。第一部分为PHP语法基础，精心设计了5个项目14个任务，涵盖了"1+X Web前端开发职业技能等级证书（中级）"中"PHP技术与应用"的知识点；第二部分为新闻发布系统开发，从需求分析、系统设计、数据库设计到代码实现，融入PHP网站开发的知识点，精心设计了3个项目15个任务。

项目1 Web开发概念和PHP入门，介绍了HTTP、软件体系结构、Web的访问原理，讲解了PHP的特点、常见的开发环境、开发软件，最后搭建了一个PHP的开发环境，运行了第一个PHP项目。

项目2 PHP基本语法，首先引入显示服务器信息案例，讲解了PHP标记、输出语句、预定义常量；然后引入商品价格计算案例，讲解了变量与常量、数据类型、强制类型转换与自动类型转换、算术运算符、赋值运算符。

项目3 PHP流程控制，首先引入空气质量指数等级判断案例，对PHP中的单分支、双分支、多分支结构进行了讲解；接着通过打印九九乘法表案例，对for循环相关的知识点进行了讲解；最后引入金字塔的打印案例，对while循环、do...while循环、循环跳转语句等知识点进行了讲解，并对while和do...while循环进行了对比。

项目4 数组与函数，首先通过购物车显示案例讲解了数组的定义与赋值、数组元素的访问、数组的遍历、多维数组的运用；接着通过商品订单计算案例讲解了函数的定义与调用、参数、返回值、字符串函数、数学函数；最后通过随机抽奖案例讲解了基本数组函数、数组排序函数、数组检索函数。

项目 5 面向对象，首先介绍了面向对象的概念、类与对象的关系、类的定义与运用、类的成员、构造函数与析构函数，接着介绍了面向对象的三大特性，最后讲解了抽象类与接口。

项目 6 PHP 操作数据库，首先对新闻发布系统进行了需求分析与设计，设计了系统的数据库；然后讲解了 PHP 操作数据库的知识点，并封装了数据库访问类；最后讲解了类的静态成员，封装了一个静态工具类。

项目 7 PHP 与 Web 交互，通过 PHP 的表单、Session 技术、Cooke 技术等知识的讲解实现了新闻发布系统的后台管理功能。

项目 8 文件与图像技术，首先讲解了文件的上传操作，然后讲解了文件的操作，实现了图片文件的管理功能；接着讲解了文件的读写操作，实现了系统的日志管理功能；最后讲解了 PHP 的绘图库函数，实现了系统的验证码功能。

本书两部分内容层次感强，第二部分在强化第一部分知识点的同时，通过引入实际的开发项目，综合运用 HTML、CSS、Bootstrap、数据库、PHP 等技术，能够大大提高读者的软件开发能力。

书中每个项目分为课前学习工作页、课程学习任务、素养园地、自我测评四个环节。任务点的设计以产出为导向，涵盖完整的知识点讲解和案例视频，便于实施以学生为中心的翻转课堂和基于学习产出的教育模式（outcome based education, OBE），有效促进读者的主动学习和深度理解。素养园地以项目相关知识点引出一个课程思政小案例，实现价值引领、立德树人、促进全面发展、增强文化自信和服务国家战略等多重目标，为培养德智体美劳全面发展的社会主义建设者和接班人提供有力支撑。

本书是国家"双高计划"电子信息工程技术专业群建设成果，由东莞职业技术学院联合东莞华信智能技术有限公司完成编写，由东莞职业技术学院的郑慧君、彭勇、周芹担任主编，董崇杰、祝衍军、汪嘉担任副主编。企业也提供了丰富的项目资源及创新的编写思路。

在本书的编写过程中，得到了许多同仁的支持和帮助，采用了大量的项目案例。在此，特别感谢所有参与"1+X Web 前端开发职业技能等级证书"和"全国职业院校技能大赛"应用软件系统开发赛项的专家和团队，他们的工作为本书的内容提供了宝贵的经验。

为了便于教学，本书附有配套的教学设计、教学 PPT 课件、29 个任务知识点讲解和案例操作解析视频、案例程序源代码题库、素材等资源，读者可以在"中国铁道出版社教育资源数字化平台"（https://www.tdpress.com/51eds）下载使用。

尽管我们付出了最大的努力，但书中难免会有不妥之处，欢迎读者朋友们来信（273883098@qq.com）提出宝贵的意见，我们将不胜感激。

编 者
2024 年 12 月

目　录

第一部分　PHP语法基础

项目 1　Web 开发概念和 PHP 入门 ... 2

课前学习工作页 2
任务 1.1　Web 基础知识 3
　　任务描述 3
　　知识储备 3
　　任务实施 6
任务 1.2　初识 PHP 7
　　任务描述 7
　　知识储备 7
　　任务实施 9
任务 1.3　搭建 PHP 开发环境 9
　　任务描述 9
　　知识储备 9
　　任务实施 16
自我测评 18

项目 2　PHP 基本语法 19

课前学习工作页 19
任务 2.1　显示服务器信息 20
　　任务描述 20
　　知识储备 20
　　任务实施 24
任务 2.2　商品价格计算 24
　　任务描述 24
　　知识储备 25

　　任务实施 32
自我测评 34

项目 3　PHP 流程控制 35

课前学习工作页 35
任务 3.1　空气质量指数等级判断 36
　　任务描述 36
　　知识储备 36
　　任务实施 42
任务 3.2　九九乘法表的打印 43
　　任务描述 43
　　知识储备 43
　　任务实施 45
任务 3.3　金字塔图形的打印 46
　　任务描述 46
　　知识储备 47
　　任务实施 50
自我测评 52

项目 4　数组与函数 54

课前学习工作页 54
任务 4.1　购物车显示 55
　　任务描述 55
　　知识储备 55
　　任务实施 61

任务 4.2　商品订单计算 63
　　任务描述 63
　　知识储备 63
　　任务实施 72
任务 4.3　随机抽奖 74
　　任务描述 74
　　知识储备 74
　　任务实施 79
自我测评 81

项目 5　面向对象 83

课前学习工作页 83

任务 5.1　Book 类的创建 8
　　任务描述 8
　　知识储备 8
　　任务实施 ....
任务 5.2　User 类的创建 9
　　任务描述 9
　　知识储备 9
　　任务实施 9
任务 5.3　抽象类与接口 10
　　任务描述 10
　　知识储备 10
　　任务实施 10
自我测评 10

第二部分　新闻发布系统开发

项目 6　PHP 操作数据库 107

课前学习工作页 107
任务 6.1　新闻发布系统需求分析
　　　　　　与设计 108
　　任务描述 108
　　知识储备 108
　　任务实施 110
任务 6.2　dbHelper 类的封装 114
　　任务描述 114
　　知识储备 114
　　任务实施 121
任务 6.3　静态工具类 124
　　任务描述 124
　　知识储备 125
　　任务实施 126
自我测评 128

项目 7　PHP 与 Web 交互 129

课前学习工作页 129

任务 7.1　用户信息添加 13
　　任务描述 13
　　知识储备 13
　　任务实施 13
任务 7.2　用户登录与权限管理 135
　　任务描述 13
　　知识储备 135
　　任务实施 138
任务 7.3　使用 Cookie 实现自动
　　　　　　登录 141
　　任务描述 141
　　知识储备 141
　　任务实施 144
任务 7.4　退出登录 145
　　任务描述 145
　　知识储备 145
　　任务实施 146
任务 7.5　添加新闻信息 147
　　任务描述 147
　　知识储备 147
　　任务实施 149

任务 7.6　新闻信息的分页显示........ 152
　　任务描述.................................. 152
　　知识储备.................................. 152
　　任务实施.................................. 153

任务 7.7　新闻信息的批量删除........ 156
　　任务描述.................................. 156
　　知识储备.................................. 157
　　任务实施.................................. 158

任务 7.8　新闻信息的修改................ 160
　　任务描述.................................. 160
　　知识储备.................................. 160
　　任务实施.................................. 161

自我测评 164

项目 8　文件与图像技术................ 165

课前学习工作页............................... 165

任务 8.1　图片文件上传 166
　　任务描述.................................. 166
　　知识储备.................................. 166
　　任务实施.................................. 168

任务 8.2　图片文件管理 170
　　任务描述.................................. 170
　　知识储备.................................. 170
　　任务实施.................................. 173

任务 8.3　日志管理......................... 175
　　任务描述.................................. 175
　　知识储备.................................. 176
　　任务实施.................................. 179

任务 8.4　验证码............................. 180
　　任务描述.................................. 180
　　知识储备.................................. 180
　　任务实施.................................. 188

自我测评 191

第一部分
PHP语法基础

- 项目1　Web开发概念和PHP入门
- 项目2　PHP基本语法
- 项目3　PHP流程控制
- 项目4　数组与函数
- 项目5　面向对象

项目1
Web开发概念和PHP入门

课前学习工作页

扫一扫侧边栏中的二维码,观看相关视频,完成下面的题目。

1. 简答题
①请详细描述PHP的特点。
②请简述Web的工作原理。
③PHP的Web开发环境需要哪几部分?

2. 选择题
①下列选项中,(　　)不是Web服务器。(单选)
　A. IIS　　　　　B. Apache　　　　C. Nginx　　　　D. XAMPP
②下列选项中,Apache默认的请求端口是(　　)。(单选)
　A. 8080　　　　B. 80　　　　　　C. 9000　　　　D. 8800
③在Apache配置文件中,用于配置服务器域名的配置项是(　　)。(单选)
　A. DocumentRoot　　　　　　　　B. ServerRoot
　C. ServerAdmin　　　　　　　　　D. ServerName
④在学习PHP时,需要安装Apache服务器。Apache是一种(　　)服务器。
　A. SMTP　　　　B. FTP　　　　　C. Web　　　　　D. 以上都不是
⑤下列选项中,不属于PHP特点的是(　　)。(单选)
　A. 跨平台　　　B. 收费　　　　　C. 面向对象　　　D. 支持多种数据库

Web基础知识

初识PHP

搭建PHP开发环境

课堂学习任务

PHP是一种运行于服务器端的脚本编程语言。自PHP 5正式发布以来,PHP以其方便快捷的风格、丰富的函数功能和开放的源代码迅速在Web系统开发中占据了重要地位,成为世界上最流行的Web应用编程语言之一。

本项目将针对Web基础知识、PHP的特点、开发环境以及如何用成熟的软件部署PHP项目进行详细讲解,设置了以下任务:

任务1.1　Web基础知识
任务1.2　初识PHP
任务1.3　搭建PHP开发环境

项目 1　Web 开发概念和 PHP 入门

学习目标

知识目标	理解 Web 的基本概念和工作原理，包括 HTTP、客户端与服务器的关系。 掌握 PHP 的基本概念及其在 Web 开发中的作用。 理解 PHP 开发环境的组成，能够安装和配置 PHP 开发环境
能力目标	能够描述 Web 的工作原理。 能够理解并使用 PHP 与 HTML 结合编写 PHP 文件。 能够独立搭建 PHP 开发环境，并解决在环境搭建过程中遇到的常见问题
素质目标	培养对 Web 技术的兴趣和好奇心，增强自主学习和探索新技术的意识。 提升问题解决能力，增强逻辑思维，培养团队合作意识。 增强自学能力，自主解决技术难题，适应各种开发工具和环境

任务 1.1　Web 基础知识

任务描述

PHP 是一种广泛使用的开源服务器端脚本语言，尤其适用于 Web 开发。本任务通过描述 PHP 工作原理，介绍了 HTTP、软件体系结构、Web 的访问原理。

知识储备

1. HTTP

超文本传输协议（hypertext transfer protocol, HTTP）是一个简单的请求-响应协议，它通常运行在 TCP（transmission control protocol，传输控制协议）之上，指定了客户端可能发送给服务器什么样的消息以及得到什么样的响应。请求和响应消息的头以 ASCII 形式给出；而消息内容则具有一个类似 MIME（multipurpose Internet mail extensions，多用途互联网邮件扩展类型）的格式。这个简单模型是早期 Web 成功的有功之臣，因为它使开发和部署非常地直截了当。

HTTP 是基于 B/S 架构进行通信的，而 HTTP 的服务器端实现程序有 httpd、nginx 等，其客户端的实现程序主要是 Web 浏览器，如 Firefox、Internet Explorer、Google Chrome、Safari、Opera 等。此外，HTTP 客户端的命令行工具还有 elink、curl 等。Web 服务是基于 TCP 的，因此为了能够随时响应客户端的请求，Web 服务器需要监听 80/TCP 端口。这样客户端浏览器和 Web 服务器之间就可以通过 HTTP 进行通信了。

一次 HTTP 操作称为一个事务，其工作过程可分为四个步骤：

① 客户端与服务器需要建立连接。只要单击某个超链接，HTTP 的工作开始。

② 建立连接后，客户端发送一个请求信息给服务器，请求信息的格式为：统一资源定位符（URL）、协议版本号，然后是 MIME 信息，包括请求修饰符、客户端信息和可能的内容。

③ 服务器接到请求信息后，给予相应的响应信息，其格式为一个状态行，包括信息的协议版本号、一个成功或错误的代码，然后是 MIME 信息，包括服务器信息、实体信息和可能的内容。

④ 客户端接收服务器所返回的信息，通过浏览器显示在用户的显示屏上，然后客户端与服务器断开连接。如果在以上过程中的某一步出现错误，那么产生错误的信息将返回到客户端，由显示屏输出。对于用户来说，这些过程是由HTTP自己完成的，用户只要用鼠标单击，等待信息显示就可以了。HTTP的通信原理如图1-1所示。

图 1-1　HTTP 的通信原理

HTTP永远都是客户端发起请求，服务器回送响应。这样就限制了使用HTTP，无法实现在客户端没有发起请求的时候服务器将消息推送给客户端。HTTP是一个无状态的协议，同一个客户端的这次请求和上次请求是没有对应关系的。

2. 体系结构选择

基于Web的应用系统开发可以采用两种体系结构：一种是C/S架构，另一种是B/S架构。

（1）C/S架构

C/S架构，即client/server（客户端/服务器）架构，通过将任务合理分配到Client端和Server端，降低了系统的通信开销，可以充分利用两端硬件环境的优势。应用C/S架构需要为客户端和服务器分别编写不同的软件。例如，常用的通信软件QQ，用户在使用QQ的时候需要下载客户端的QQ程序安装到自己的计算机上，然后通过这个客户端程序与腾讯的服务器交换数据。

（2）B/S架构

B/S架构，即browser/server（浏览器/服务器）架构，是随着Internet的兴起而对C/S架构的一种变化或者改进的架构。在这种架构下，用户界面完全通过浏览器实现，极少部分业务逻辑在前端（browser）实现，但是主要业务逻辑在服务器端（server）实现，这样就大大简化了客户端计算机的负荷，减少了系统维护与升级成本和工作量，降低了用户的总体成本。

用户通过浏览器查看网页，网页（包括静态网页、动态网页）存放在Web服务器上。用户通过URL访问服务器上的网页，服务器接到请求，通过HTTP将网页传送给客户端，本地的浏览器将网页代码以一种美观、直观的形式展现在用户面前。文字与图片是构成网页的最基本元素，网页中还可以包括动画、音乐和流媒体等。

一般来说，Web服务器是一台或多台性能比较好的计算机，在计算机上安装服务器软件，通过网络向用户提供服务。

当用户在浏览器端单击网页上的一个链接，或者在地址栏中输入一个网址时，其实是对Web服务器提出了访问请求，Web服务器经过确认，会直接把用户请求的HTML（hypertext markup language，超文本标记语言）文件传回给浏览器，浏览器对传回的

HTML 代码进行解释，这样用户就会在浏览器端看到请求的页面，这个过程就是 HTML 页面的执行过程。

总的来说，B/S 架构与传统的 C/S 架构相比具有如下优点：

① B/S 架构是一种瘦客户端模式，客户端软件只需安装浏览器，且对客户端硬件配置要求较低。

② 标准统一，维护相对简单。HTML 是 Web 信息的组织方式，所有 Web 服务器和浏览器都遵循 W3C 标准。开发人员可以集中在服务器端开发和维护应用程序，而服务器上的应用程序可通过网络浏览器在客户端上执行，从而充分发挥开发人员的群体优势，应用软件的维护也相对简单。

③ 无须开发客户端软件。浏览器软件可以从 Internet 上免费得到。

④ 跨平台支持。由于采用统一的通信协议，并且浏览器及服务器软件可以支持多平台，因此，方便企业异构平台运行。

⑤ 浏览器界面易学易用。

3. Web的访问原理

（1）Web的概念

Web 的本意是蜘蛛网和网的意思，在网页设计中称为网页，现在被广泛译作网络、互联网等。Web 表现为三种形式，即超文本（hypertext）、超媒体（hypermedia）、超文本传输协议（HTTP）。

（2）万维网

WWW（world wide web，万维网）由遍布在互联网中的 Web 服务器和安装了 Web 浏览器的计算机组成，它是一种基于超文本方式工作的信息系统。作为一个能够处理文字、图像、声音、视频等多媒体信息的综合系统，它提供了丰富的信息资源，这些信息资源以 Web 页面的形式分别存放在各个 Web 服务器上，用户可以通过浏览器选择并浏览所需的信息。

（3）Web服务器

安装了 Web 服务器软件的计算机就是 Web 服务器，Web 服务器软件对外提供 Web 服务，供客户访问浏览，接收客户端请求，然后将特定内容返回客户端。

（4）Web客户端

通常将那些凡是向 Web 服务器请求获取资源的软件称为 Web 客户端。在 Web 访问中，Web 客户端一般指普通 PC 端。

（5）Web访问原理

网站是客户端/服务器之间的会话，是由客户端向服务器发起的连接，并发送 HTTP 请求，而服务器并不会主动联系客户端或要求与客户端建立连接，需要客户端主动向服务器发送请求，建立连接。

在 WWW 中，"客户"与"服务器"是一个相对的概念，只存在于一个特定的连接期间。当用户在客户端使用浏览器通过 URL 请求 Web 服务器管理下的 HTML 网页文件时，Web 服务器软件会在其有权限管理的目录中寻找用户请求的 HTML 网页文件。如果用户请求的文件存在，则直接把网页中的内容代码返回给客户端请求的浏览器。浏览器在收到服务器返回的代码后，逐条解释成能够直接显示给用户查看的静态网页。如果用户向服务器请求的是一个脚本程序，如 PHP 文件、JSP 文件或 ASP.NET 文件，服务器会调用相应的引擎把PHP等代码转换成模板代码（HTML/CSS/JavaScript），再将结果返回给用户。

因为Web服务器本身是不能解析脚本程序的，所以服务器除了要安装Web服务器Apache之外，还要安装可以解析脚本程序的应用程序服务器软件（如PHP应用服务器），并在Apache服务器中配置来自客户端的PHP文件的请求，即可以在服务器端使用PHP应用服务器来解析PHP程序。

因为PHP应用服务器会理解并解释PHP代码的含义，这样就可以根据用户的不同请求进行操作，即通过PHP程序的动态处理，解释成不同的HTML静态代码返回给用户。当然，返回给客户端浏览器的只是一个很单纯的静态HTML网页，在客户端是看不到PHP程序源代码的，这在一定程度上起到了代码保护的作用。

任务实施

PHP的工作原理如图1-2所示。

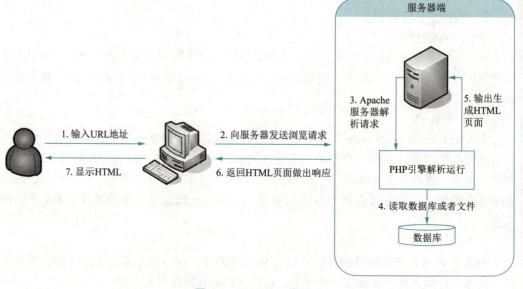

图1-2　PHP的工作原理

① 打开浏览器，键入网址，按【Enter】键。
② 该请求被送入Web服务器上。
③ Web服务器解析请求，从硬盘中获取index.php。
④ PHP引擎解析运行index.php文件，生成HTML文件。
⑤ Web服务器将该HTML文件发往客户端浏览器。
⑥ 浏览器收到文件，用户可以看到显示的页面效果。

如果网站的内容是保存在服务器端的数据库中，则需要为服务器安装数据库管理系统（如MySQL），用来存储和管理网站中的数据。MySQL服务器和Apache服务器可以安装在同一台计算机上，也可以分开安装，通过网络相联即可。由于Apache服务器无法连接或者操作MySQL服务器，因此，也要安装PHP应用服务器。这样，Apache服务器就可以委托PHP应用服务器，通过解释PHP脚本程序去连接或操作数据库，完成用户的请求。

任务 1.2　初识 PHP

任务描述

PHP 是一种广泛使用的开源服务器端脚本语言，尤其适用于 Web 开发。本任务通过描述 PHP 的特点，介绍了 PHP 的发展史、PHP 的优势、PHP 文件。

知识储备

1. PHP 简介

开发 Web 应用系统的技术很多。常见的 Web 开发技术包括前端开发技术 HTML、XML、XSLT、CSS、JSON、JavaScript、Ajax 和后台开发技术 PHP、ASP.NET、JSP 等。PHP（page hypertext preprocessor，页面超文本预处理器）是一种运行于服务器端的 HTML 嵌入式脚本描述语言。PHP 借鉴了 C、Java、Perl 等传统计算机语言的特性和优点，并结合自己的特性，使得 Web 开发者能够快速地编写出动态页面。PHP 是完全免费的开源产品，并且易学易用。PHP 可以很好地支持 Internet 协议和多种数据库的操作，经常和 MySQL 搭配使用。PHP 的创始人是丹麦人 Rasmus Lerdorf（生于 1968 年，于 1995 年创造了 PHP）。截至目前，PHP 的最新版本是 PHP 8.4。

使用 PHP 进行 Web 应用程序开发具有以下优势：

（1）易学易用

PHP 可以内嵌到 HTML 中，以脚本语言为主，内置丰富的函数，语法简单，是一个弱类型语言，学习方便。拥有 C、Java 等语言编程基础的开发者可以很容易地理解 PHP 的语法。相对于 JSP 等，PHP 入门要容易得多。集成开发环境容易搭建配置，开发软件也非常多样。

（2）成本低、应用广泛

PHP 是开源软件，其运行环境 LAMP 平台（即 Linux、Apache、MySQL 和 PHP）也都是免费的。这种框架结构可以为网站经营者节省很大开支，所以很多中小型企业的网站采用 PHP 开发。

（3）执行速度快

PHP 占用资源少，内嵌 zend 加速引擎，性能稳定快速。

（4）支持面向对象

PHP 同时支持面向过程和面向对象两种开发模式，用户可以自行选择。

（5）支持广泛的数据库

PHP 可操作多种主流与非主流数据库，如 MySQL、Access、SQLServer、Oracle、DB2 等，其中 PHP 与 MySQL 是目前最佳的组合，它们的组合可以跨平台运行。

（6）跨平台性

PHP 几乎支持所有的操作系统，并且支持 Apache、IIS、Nginx 等多种 Web 服务器。

由于 PHP 的以上优势，PHP 的应用领域非常广阔，比较常见的应用有中小型网站的开发、大型网站的业务逻辑结果展示、Web 办公管理系统、硬件设备的数据获取、电子商务应用、企业级应用开发，以及微信公众号和小程序等。

2. PHP文件

PHP是嵌入HTML中的语言。HTML负责呈现网页内容，PHP负责业务逻辑。下面先来看一个简单的PHP文件，代码如下：

```
<!doctype html>
<html lang="en">
<head>
    <meta charset="UTF-8">
    <meta http-equiv="X-UA-Compatible" content="ie=edge">
    <title>Document</title>
</head>
<body>
    <?php
        echo "<font color='blue'>PHP程序设计！</font>";
    ?>
    <br>
    <?php
        for($i=1;$i<=6;$i++){
            echo "<h$i>";
            echo "PHP程序设计！";
            echo "</h$i>";
        }
    ?>
</body>
</html>
```

上述程序的运行结果如图1-3所示。第一行显示的是蓝色的"PHP程序设计！"，我们看到了PHP代码中混有HTML代码，对于PHP来说，HTML代码只是字符串。第二行到第七行使用HTML的标题元素从大到小显示了"PHP程序设计！"，我们可以看到复杂的业务逻辑需要PHP的参与，这样简化了代码。其中美元符号（$）是PHP中变量的标识，echo是PHP中用来进行输出的语句结构。

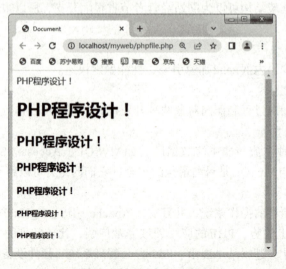

图1-3　PHP文件运行结果

任务实施

PHP 是一种广泛使用的开源脚本语言，尤其适用于 Web 开发。其特点包括：

① 易于学习和使用：PHP 的语法简单明了，容易上手，非常适合初学者。

② 开源：PHP 是开源的，可以自由使用和分发，拥有庞大的社区支持。

③ 跨平台：PHP 可以在多种操作系统上运行，如 Windows、Linux、macOS 等，并且支持多种 Web 服务器。

④ 强大的数据库支持：PHP 与多种数据库兼容，最常用的是 MySQL，同时也支持 PostgreSQL、SQLite 等。

⑤ 动态网页生成：PHP 能够快速生成动态网页内容，可以根据用户输入或数据库数据来实时生成 HTML。

⑥ 丰富的库和框架：PHP 有很多丰富的函数库和现代框架（如 Laravel、Symfony），可以提高开发效率和代码的可维护性。

⑦ 高效的性能：PHP 执行速度较快，经过优化后能够处理大量请求。

⑧ 良好的社区支持：有大量的文档、教程和开源项目，方便开发者交流和学习。

⑨ 面向对象编程：PHP 支持面向对象程序设计（object-oriented programming，OOP），使得代码更具结构性和可重用性。

⑩ 安全性：虽然 PHP 本身并不完全安全，但社区提供了许多安全实践和功能以帮助抵御常见攻击（如 SQL 注入和 XSS）。

任务 1.3　搭建 PHP 开发环境

任务描述

使用 PHP 进行项目开发需要搭建开发环境、安装编辑软件。下面通过运行第一个 PHP 项目来学习 PHP 开发环境的搭建、常见的编辑器以及运行的配置。

知识储备

1. 搭建PHP开发环境

任务 1.2 中的实例需要部署到 Web 服务器中才能通过浏览器访问，看到正确的结果。PHP 的 Web 开发环境需要以下几部分：①Web 服务器，如 Apache、IIS、Nginx 等；②数据库，如 MySQL；③进行 PHP 语言转换的 PHP 引擎。

（1）Apache

Apache 是 Apache HTTP Server 的简称，是目前最流行的 Web 服务器端软件之一，是 Apache 软件基金会的一个开放源码的网页服务器，可以在大多数计算机操作系统中运行。Web 系统是客户端/服务器模式的，所以应该有服务器程序和客户端程序两部分。常用的服务器程序是 Apache，常用的客户端程序是浏览器（如 IE、chrome 等）。Apache 主要用来接收 Web 客户端用户发来的请求，收到请求后将客户端要求的页面内容返回给客户端，如果出现错误，就返回错误代码。但 Apache 只能处理 HTML 请求，诸如 JSP、PHP 和 ASP 的请求需要配置其他相应的服务器才能解析处理。

（2）IIS

互联网信息服务（Internet information services，IIS）是由微软公司提供的基于 Microsoft Windows 的互联网基本服务。IIS 支持超文本传输协议（HTTP）、文件传输协议（file transfer protocol，FTP）及 SMTP，通过使用 CGI 和 ISAPI，IIS 可以得到高度的扩展。IIS 的一个重要特性是支持 ASP，但也可以通过简单的安装配置支持 PHP 的运行。

（3）Nginx

Nginx（engine x）是一个免费、开源、高性能的 HTTP 服务器和反向代理，因其高性能、稳定丰富的功能、简单的配置和低资源消耗而闻名。Nginx 是由伊戈尔·赛索耶夫开发的，第一个公开版本 Nginx 0.1.0 发布于 2004 年 10 月 4 日，其将源代码以类 BSD（伯克利软件套件）许可证的形式发布。GitHub 网站就使用了该服务器。

（4）MySQL

MySQL 是一个跨平台的开源关系型数据库管理系统，由瑞典 MySQLAB 公司开发，属于 Oracle 旗下产品。目前，MySQL 被广泛地应用在 Internet 上的中小型网站中。由于其体积小、速度快，尤其是开放源代码的特点，许多中小型网站都选择 MySQL 作为网站的数据库。

（5）PHP

PHP 既是一门编程语言，又是将 PHP 语言转换为 HTML 等模板代码的软件名称，任何 PHP 开发环境都离不开 PHP 软件。

在使用 PHP 语言开发之前，首先要在系统中搭建开发环境。采用 PHP 开发 Web 应用，一般需要安装 Apache、PHP、MySQL。作为初学者，PHP 开发不需要单独下载这些软件进行安装配置，集成版开发环境是更好的选择，如 XAMPP、PHPstudy、WampServer、AppServ 等。**本书选择 XAMPP。**

2. XAMPP 安装

XAMPP（Apache+MySQL+PHP+PERL）是一个功能强大的建站集成软件包，还包含了管理 MySQL 的工具 phpMyAdmin，可以对 MySQL 进行可视化操作。采用这种紧密的集成，XAMPP 可以运行任何 PHP 程序：从个人主页到功能全面的产品站点。

XAMPP 是免费的，到 XAMPP 官网可以查看和下载相关信息，目前最新的版本是 8.2.12。XAMPP 可以在 Windows、Linux、Solaris、MacOSX 等多种操作系统下安装使用，支持多语言：英文、中文、韩文、俄文、日文等。XAMPP 是一个易于安装且包含 MySQL、PHP 和 Perl 的 Apache 发行版。XAMPP 非常容易安装和使用，已经被广泛应用。

下面介绍 XAMPP 的安装步骤：

① 下载 XAMPP 的安装文件后，右击安装文件，在弹出的快捷菜单中选择"以管理员身份运行"命令，弹出欢迎窗口，如图 1-4 所示。

项目 1　Web 开发概念和 PHP 入门

图 1-4　欢迎窗口

② 在图 1-4 中单击 "Next" 按钮，进入图 1-5 所示的 XAMPP 工具列表选择窗口。对于 PHP 开发，图 1-5 左侧列表中的 Apache、MySQL、PHP、phpMyAdmin 是必选的，其他可以根据自己的情况选择。

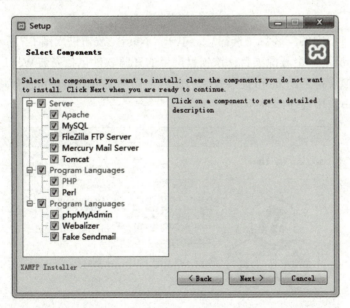

图 1-5　XAMPP 工具列表选择窗口

下面介绍其中主要的几项。
- FileZilla FTP Server：FTP 服务器软件。
- Mercury Mail Server：邮件服务器。
- Tomcat：JavaWeb 服务器。
- Perl：Perl 引擎。

- Webalizer：Web 服务器日志分析程序。
- Fake Sendmail：邮件服务器。

③ 完成图 1-5 中的选择后，单击"Next"按钮进入图 1-6 所示的安装目录选择窗口，根据自己的情况选择软件安装目录。

> 小提示：
> ① 尽量不要将软件安装到 C 盘下。
> ② 安装目录中不要包含中文。

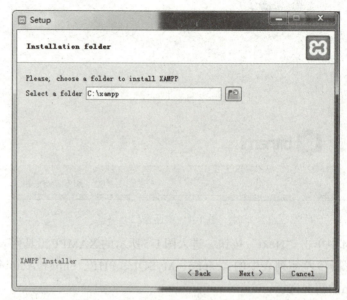

图 1-6　选择安装目录

④ 完成图 1-6 中的安装目录选择后，单击"Next"按钮进入图 1-7 所示的 Bitnami 信息窗口。Bitnami 是一个开源项目，该项目产生的开源软件包括安装 Web 应用程序和解决方案堆栈及虚拟设备。Bitnami 提供开源 PHP 程序简易集成安装包可选环境，目的是简化软件安装和 Web 应用程序部署等。

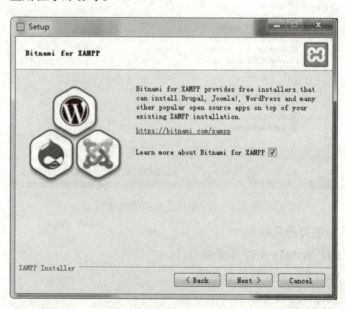

图 1-7　Bitnami 信息窗口

⑤ 在图 1-7 中单击 "Next" 按钮进入图 1-8 所示的安装窗口。

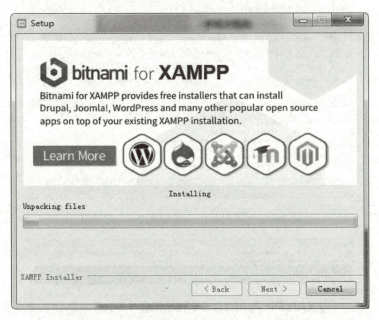

图 1-8　安装窗口

⑥ 安装完成后，启动 XAMPP，出现图 1-9 所示 "Windows 安全中心警报" 对话框，即防火墙提示页面，单击 "允许访问" 按钮即可启动 Apache。

图 1-9　"Windows 安全中心警报" 对话框

⑦ Apache 启动后，进入图 1-10 所示的 "XAMPP Control Panel" 窗口，即 XAMPP 操作面板界面。

⑧ 打开任意浏览器软件，在地址栏输入 http://localhost 后，按【Enter】键打开网页。如果出现图 1-11 所示的测试页面，证明安装成功，否则代表端口冲突等问题。

13

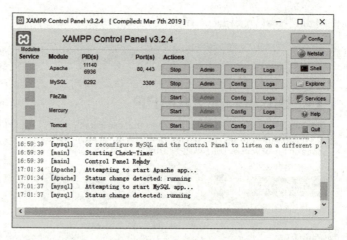

图 1-10 "XAMPP Control Panel"对话框

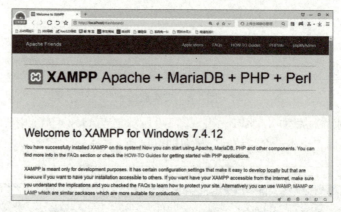

图 1-11 测试页面

3. XAMPP配置和使用

PHP开发需要的服务器主要是Apache和MySQL服务器。XAMPP面板打开后，显示Apache和MySQL是启动状态，占用的默认端口号分别是80、443和3306。那么，我们自己开发的代码和网站如何部署呢？单击面板右侧的Explorer图标，进入XAMPP安装的根目录，找到htdocs文件夹，这就是服务器默认的网站路径，现在可以把编写好的first.php文件内容复制到这里。然后打开任意浏览器，输入http://localhost/first.php就能够看到执行结果。接下来，我们了解下XAMPP面板上的这些图标使用和XAMPP配置。

（1）更改默认端口

XAMPP中Apache服务器的默认端口为80。如果80端口被占用，如IIS、SQLServer等，需要将端口修改为其他未使用端口，如果Apache服务器能正常启动，则不需要修改默认的80端口。计算机可用端口为整数，范围从0到65 535，但有部分端口已经被一些常用软件所占用，如DHCP端口67和68，邮件发送接收使用端口25和110，FTP端口20和21，Telnet端口23，QQ端口4000和8000，1024端口一般不固定分配给某个服务，1080端口是Socks代理服务使用的端口等。

XAMPP中Apache服务器端口的修改步骤如下：

① 单击Apache所在行的"Config"按钮，打开Apache的配置文件httpd.conf。

② 按【Ctrl+F】组合键查找 80，将 Listen 80 替换为想要的端口（比如 8080）即可，如图 1-12 所示。

图 1-12　修改端口

> **小提示：**
> 更改端口后，访问服务器需要添加端口号，比如修改后的端口号为 8080，则打开浏览器使用网址 http://localhost:8080/，编程中用到的功能标点都是英文的，所以这里只能使用英文的冒号。

③ 更改之后保存，重启 Apache，注意只要配置文件修改都要重启服务。

（2）更改服务器根目录

默认服务器的根目录为 XAMPP 安装目录下的 htdocs 目录，可以根据自己的需要修改服务器根目录，修改的步骤如下：

① 单击 Apache 所在行的"Config"按钮，打开 Apache 的配置文件 httpd.conf。

② 按【Ctrl+F】组合键查找 htdocs，替换为想要的文件夹绝对路径即可，如图 1-13 所示。

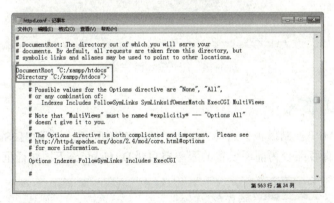

图 1-13　修改服务器目录

> **小提示：**
> 服务器根目录为存放 PHP 项目文件的地方，只有存放在服务器根目录下的 PHP 文件才能够执行。初学者很容易随意放置项目位置，导致程序不能够正常运行。

③ 更改之后保存，本书中的所有案例服务器目录统一使用 D:\phpdocs，重启 Apache 服务。

4．常见的 PHP 编辑工具

PHP 常见的编辑工具有 PHPStorm、NetBeans、SublimeText、Notepad++、VSCode、ZendStudio 等。对于初学者来说，PHPStorm 是最佳的选择。PHPStorm 是 JetBrains 公司开发的一款商业的 PHP 集成开发工具，具有以下特点：

（1）主流框架支持

PHPStorm 完美支持 Symfony、Laravel、Drupal、WordPress、ZendFramework、Magento、Joomla、CakePHP、Yii 等各种主流框架。

（2）支持所有PHP工具

编辑器会"获取"用户的代码并深刻理解其结构，支持所有PHP语言功能，适用于现代项目和旧项目。它提供最优秀的代码补全、重构和实时错误预防等功能。

（3）涵盖前端开发技术

借助重构、调试和单元测试等功能来充分利用最先进的前端技术，如HTML5、CSS、Sass、Less、Stylus、CoffeeScript、TypeScript、Emmet和JavaScript。借助实时编辑功能，立即在浏览器中查看变更。

（4）内置开发者工具

借助版本控制系统集成，以及对远程部署、数据库/SQL、命令行工具、Docker、Composer、REST客户端和许多其他工具的支持，直接从IDE执行许多日常任务。

PHPStorm的主界面如图1-14所示。

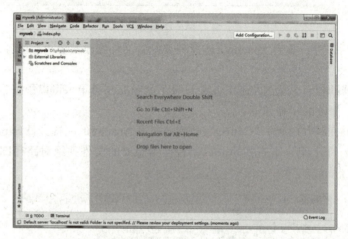

图1-14　PHPStorm主界面

任务实施

① 打开XAMPP控制面板，启动Apache和MySQL服务，打开PHPStorm软件，新建项目为myweb，保存路径为前面设置的服务器目录D:\phpdocs下，对话框如图1-15所示。

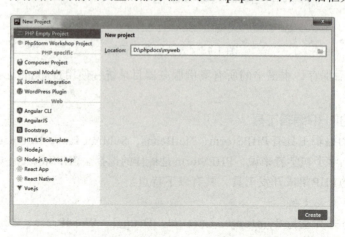

图1-15　创建PHP项目

② 在新建的myweb项目中新建PHP文件index.php，删掉文档内容，输入"!"，按【Tab】键补全HTML文档结构，在body中输入如下代码：

```
<?php
echo '您好，这是我的第一个PHP项目！';
?>
```

③ 在PHPStorm软件中打开"Tools"→"Deployment"→"Configuration"，弹出"Deployment"对话框，单击左边的"+"号，选择"Local or mounted folder"，在弹出的对话框中输入localhost，单击"确定"按钮打开图1-16所示的对话框。

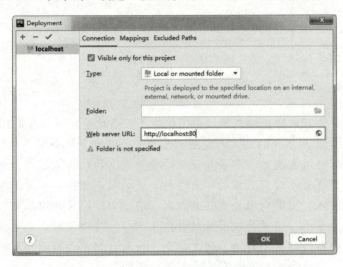

图1-16　运行路径配置对话框

④ 在图1-16中的http://localhost后面加上端口号，若是默认的80端口，则可以不加。图1-16为添加端口号80后的配置对话框。切换到"Mappings"选项卡，进入图1-17所示的Web path配置对话框，在"Web path"文本框内输入项目名称"/myweb"，单击"OK"按钮，完成项目的运行配置。

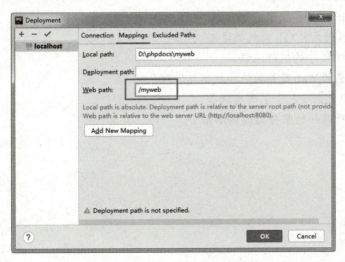

图1-17　Web path配置对话框

⑤ 单击 index.php 代码编辑框右上角的浏览器图标，运行结果如图1-18所示。

图 1-18　项目运行效果

素养园地

根据中国软件行业协会编制的《中国软件产业高质量发展报告（2024）》显示，我国软件产业历经40多年的积淀和发展，已经成为促进全社会生产效率提升的强大动力引擎和数字经济发展的重要基础设施。作为未来的软件工程师，我们不仅要掌握前沿技术，更要秉承爱岗敬业的职业精神。我们深刻理解到，爱岗敬业不仅是对工作的热爱与投入，更是对社会责任的担当。通过实践项目与团队合作，我们锻炼技能，培养职业素养，将爱岗敬业的精神内化于心、外化于行。未来，软件行业将继续引领科技创新，而我们作为当代大学生，将肩负起推动行业发展的重任，以爱岗敬业的态度，为软件行业的繁荣发展贡献青春力量。

●●●自我测评●●●

1. 简述HTTP的工作过程。
2. 简述PHP的工作原理。
3. 简述B/S模式与C/S模式的区别。
4. 简述PHP程序的执行流程。
5. 列举常见的Web服务软件和数据库管理系统。
6. XAMPP中主要包含了哪些服务？
7. 列举你所熟知的服务器端脚本语言。

项目 2 PHP基本语法

课前学习工作页

扫一扫侧边栏中的二维码,观看相关视频,完成下面的题目。

1. 简答题
① PHP代码如何嵌入到HTML代码中?
② PHP中常见的输出方法有哪几种?

2. 选择题
① PHP语言标记是(　　　)。(单选)

　A. <......>　　　B. <?php......?>　　C. ?............?　　D. /*........*/

② 网页中加入"<?php echo ' PHP'；#语言?>你好呀！"这句代码会在浏览器中显示为(　　　)。(单选)

　A. PHP
　B. PHP语言
　C. PHP语言你好呀！
　D. PHP你好呀！

③ 以下对变量常量说法正确的是(　　　)。(单选)

　A. 变量和常量是PHP中基本的数据存储单元
　B. 变量和常量可以存储不同类型的数据
　C. 变量和常量通常不能存储不同类型的数据
　D. 变量或常量的数据类型由程序的上下文决定

④ PHP支持的基本数据类型有(　　　)。(多选)

　A. Integer　　　B. Float　　　C. String　　　D. Boolean

⑤ 在PHP语言中,"$paty='12345';",变量$paty的类型是(　　　)。(单选)

　A. 布尔型　　　B. 整型　　　C. 字符串　　　D. 浮点型

PHP语法基础

变量与常量

课堂学习任务

　　PHP是一种通用开源脚本语言,其语法吸收了C语言、Java和Perl的特点,入门门槛较低,易于学习,使用广泛,主要适用于Web开发领域。学习一门语言就像盖大楼一样,要想盖一个安全、漂亮的大楼,必须要有一个夯实的地基。同样地,要掌握并熟练使用PHP语言开发网站,必须充分了解PHP语言的基础知识。

　　本项目将详细讲解PHP嵌入到HTML的方法、输出方法、数据类型、变量与常量的定义、运算符、类型转换等知识点,设置了以下任务:

任务2.1　显示服务器信息
任务2.2　商品价格计算

学习目标

知识目标	理解PHP嵌入HTML的方法。 掌握PHP的注释方式，包括单行注释和多行注释的用法。 理解PHP的输出方法，包括echo和print的使用。 熟悉PHP的数据类型（如字符串、整数、浮点数、数组、对象等）及其特性。 理解常量与变量的定义及运用，包括如何声明常量和变量以及作用域。 掌握算术运算符和赋值运算符的用法，以及其他常见运算符的功能。 理解数据类型转换的概念和方法，包括隐式和显式转换
能力目标	能够在实际项目中使用PHP嵌入HTML，创建动态网页。 能够灵活运用PHP注释，提高代码的可读性和维护性。 能够使用echo和print输出信息，调试代码。 能够定义和使用不同类型的变量和常量，进行基本的数据存储和处理。 能够运用各种运算符进行基本的数学运算和赋值操作。 能够进行数据类型转换，处理不同数据类型之间的转换需求
素质目标	培养对PHP编程语言的兴趣，增强自主学习和探索编程的意识。 提升逻辑思维能力，通过编写和调试代码来解决问题。 培养良好的代码书写习惯，注重代码的可读性和规范性。 增强团队协作意识，能够与他人分享编程经验和共同解决技术问题

任务 2.1　显示服务器信息

任务描述

PHP是一门嵌入式脚本语言，经常被嵌入到HTML代码中使用。下面通过在HTML表格里嵌入PHP代码来显示PHP版本号、解析PHP的操作系统类型以及显示当前服务器时间，从而了解PHP标记、输出语句、预定义常量的使用。

知识储备

1. PHP标记

在学习PHP语法之前，先来看一段示例代码，具体如下：

```
<html>
<body>
    <p>Hello HTML</p>
    <p><?php echo "Hello,PHP"; ?></p>
</body>
</html>
```

在上述代码中，"<?php echo "Hello,PHP"; ?>"是一段PHP代码，它是嵌入到HTML结构中使用的，其中，echo是输出语句，用于输出字符串，"<?php"和"?>"是一种标记，专门用来包含PHP代码。PHP有四种风格的标记，具体见表2-1。

表2-1 PHP标记

标记类型	开始标记	结束标记
标准标记	<?php	?>
短标记	<?	?>
ASP式标记	<%	%>
SCRIPT标记	<script language="php">	</script>

（1）标准标记

```
<?php echo "Hello,PHP"; ?>
```

这是最常用的标记类型，服务器不能禁用这种风格的标记。它可以达到更好的兼容性、可移植性、可复用性，所以PHP推荐使用这种标记。

（2）短标记

```
<? echo "Hello,PHP"; ?>
```

短标记非常简单，但是使用短标记，必须在配置文件php.ini中启用short_open_tag选项。另外，这种标记在许多环境的默认设置中是不支持的，所以PHP不推荐使用这种标记。

（3）ASP式标记

```
<% echo "Hello,PHP"; %>
```

ASP式标记在使用时与短标记有类似之处，必须在配置文件php.ini中启用asp_tags选项。另外，这种标记在许多环境的默认设置中是不支持的，因此在PHP中不推荐使用这种标记。

（4）SCRIPT标记

```
<script language = "php"> echo "Hello,PHP"; </script>
```

SCRIPT标记类似于Javascript语言的标记，由于PHP一般不推荐使用这种标记，只需了解即可。

2. PHP注释

在PHP开发中，经常需要对程序中的某些代码进行说明，这时，可以使用注释来完成。注释可以理解为代码的解释，它是程序不可缺少的一部分，并且在解析时会被PHP解析器忽略。PHP支持C、C++、Shell三种风格的注释，下面针对这些风格的注释进行详细的讲解。

C++风格的单行注释"//"，具体示例如下：

```
<?php
    echo "Hello,php";          // 输出一句话
?>
```

> **小提示：**
> 四种标记中，只有标准标记和SCRIPT标记能够保证对任何配置都有效。而短标记和ASP式标记只能在php.ini中显式地启用。

上述代码中,"//输出一句话"就是一个单行注释,它以"//"开始,到该行结束或PHP标记结束之前的内容都是注释。

C风格的多行注释"/*……*/",具体示例如下:

```php
<?php
    /*
    echo "Hello,php";
    $c = 10;
    */
?>
```

在上述代码中,"/*"和"*/"标记之间的内容为多行注释,多行注释以"/*"开始,以"*/"结束。

Shell风格的注释"#",具体示例如下:

```php
<?php
    echo "Hello,php";           # 输出一句话
?>
```

> **小提示:**
> 注释嵌套需要注意多行注释"/*…*/"中可以嵌套单行注释,但不能嵌套"/*…*/"多行注释。

在上述代码中,"#输出一句话"就是一个Shell风格的注释,Shell风格的注释以"#"开始,到该行结束或PHP标记结束之前的内容都是注释。

3. 输出语句

输出语句的使用很简单,不仅可以输出各种类型的数据,还可以在学习和开发中进行简单的调试。PHP中有一系列的输出语句,其中常见的有 echo、print、print_r()、var_dump()。下面介绍各个输出语句的特点及作用。

(1) echo

echo可输出一个或多个字符串、表达式、变量和常量的值,echo是语言结构(language construct),而并不是真正的函数,因此不能作为表达式的一部分使用。echo是使用率非常高的一个语言结构,特别是未使用样板模式的系统,echo常用的输出格式如下:

```php
echo '早安,'.'China! ';              // 输出:早安,China!
```

以上代码中输出了两个字符串,"."是字符串连接符,用于连接字符串、变量或常量。

(2) print

print与echo用法相同,唯一的区别是print是一个函数,只能输出一个值,如果字符串成功显示则返回true,否则返回false。示例如下:

```php
print '坚持就是胜利!';                // 输出:坚持就是胜利!
```

(3) print_r()

print_r()是PHP的内置函数,可以输出任意类型的数据,如字符串、数组等。示例如下:

```php
print_r('不积跬步,无以至千里! ');      // 输出:不积跬步,无以至千里!
```

（4）var_dump()

var_dump()不仅可以打印一个或多个任意类型的数据，还可以获取数据的类型和元素个数。示例如下：

```
var_dump(4);                  // 输出：int(4)
var_dump('PHP',true);         // 输出：string(3) "PHP" bool(true)
```

上述示例中，"int(4)"表示整型数据4；"string(3)"PHP""表示字符串型数据"PHP"，字符串长度为3；"bool(true)"表示布尔型数据true。

此处读者只需了解这些输出语句的使用方式即可，上述提到的各类专业名词，如字符串、数组、对象，本书后面会进行详细讲解。

4. 预定义常量

预定义常量可方便开发人员获取PHP中的信息，需要时直接使用或通过echo输出就可以获取相关的信息。常量名前不需要使用$，并且区分大小写。常见的预定义常量见表2-2。

表2-2 PHP中常用的预定义常量

常量名	功能描述
__FILE__	获取PHP程序文件名及路径
__LINE__	获取PHP程序的行数
PHP_VERSION	获取PHP的版本信息，如：5.4.38
PHP_OS	获取解析PHP的操作系统类型，如：WINNT
PHP_INT_MAX	获取PHP中Integer类型的最大值
PHP_INT_SIZE	获取PHP中Integer值的字长，如：4
E_ERROR	表示运行时致命性错误，使用1表示
E_WARNING	表示运行时警告错误（非致命），使用2表示
E_PARSE	表示编译时解析错误，使用4表示
E_NOTICE	表示运行时提醒信息，使用8表示

小提示：

预定义常量__FILE__和__LINE__中的"_"是两条下划线。为了帮助大家更好地理解预定义常量，下面通过案例演示PHP中预定义常量的使用方法，具体如例2-1所示。

【例2-1】predefined constants.php。

```
// 使用__FILE__常量获取当前文件的完整路径
echo "当前文件路径为:".__FILE__;
echo '<hr>';
// 使用__LINE__常量获取程序的行数
echo "当前PHP程序的行数为:".__LINE__;
echo '<hr>';
// 使用PHP_INT_MAX常量获取Integer类型的最大值
echo "Integer类型的最大值为:".PHP_INT_MAX;
```

通过浏览器访问例2-1 predefined constants.php，运行结果如图2-1所示。从图2-1可以看出，使用预定义常量成功获取到了PHP文件的路径、PHP程序的行数、Integer类型的最大值。在程序中使用预定义常量可以非常方便地获取PHP的相关信息。

图2-1 显示PHP信息

任务2.1 显示服务器信息

任务实施

① 打开 PhpStorm 软件，新建项目。
② 新建 PHP 文件。
③ 在页面中插入表格，使用"<?php ?>"标记嵌入 PHP 代码，使用 echo 命令输出预定义的常量，代码如下：

```
<table class = "table">
    <caption>服务器信息显示</caption>
    <tr>
        <td>PHP版本</td>
        <td><?php echo PHP_VERSION; ?></td>
    </tr>
    <tr>
        <td>操作系统类型</td>
        <td><?php echo PHP_OS; ?></td>
    </tr>
    <tr>
        <td>文件路径</td>
        <td><?php echo __FILE__; ?></td>
    </tr>
</table>
```

④ 配置项目运行路径。
⑤ 在浏览器中浏览 PHP 文件，程序运行结果如图2-2所示。

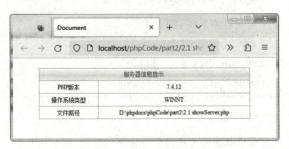

图 2-2　显示服务器信息

任务 2.2　商品价格计算

任务描述

若用户在一个全场9折的网站中购买了2斤香蕉、1斤苹果和3斤橘子，它们的价格分别为2.5元/斤、6.89元/斤、3.5元/斤，那么如何使用 PHP 程序计算此用户实际需支付的费用呢？下面通过 PHP 中提供的变量与常量、算术运算符以及赋值运算符等相关知识来实现 PHP 中商品价格计算。

# 知识储备

1. 标识符

在 PHP 程序开发中经常需要自定义一些符号来标记一些名称，如变量名，函数名类名等，这些符号被称为标识符。而标识符的定义需要遵循如下规则：

① 标识符只能由字母、数字、下划线组成，且不能包含空格。

② 标识符只能以字母或下划线开头的任意长度的字符组成。

③ 标识符用作变量名时，区分大小写。

④ 如果标识符由多个单词组成，可以使用驼峰命名，即第二个单词的首字母大写，如 userName。

⑤ 不可用 PHP 中预定义的关键字，PHP 保留了许多关键字，例如 class、public 等，在定义标识符时尽量避免与关键字相同。表 2-3 列举了 PHP 中所有的关键字。

表 2-3 PHP 中的关键字

__halt_compiler()	abstract	and	array()	as
break	callable	case	catch	class
clone	const	continue	declare	default
die()	do	echo	else	elseif
empty()	enddeclare	endfor	endforeach	endif
endswitch	endwhile	eval()	exit()	extends
final	finally	for	foreach	function
global	goto	if	implements	include
include_once	instanceof	insteadof	interface	isset()
list()	namespace	new	or	print
private	protected	public	require	require_once
return	static	switch	throw	trait
try	unset()	use	var	while
xor	yield			

例如，_power、userName、password、id5 等，都是以字母或下划线开头，都是合法的标识符。01id、publish time、10、new、@qq 等都是非法的标识符。

2. 变量

在程序运行期间，随时可能产生临时数据，此时可以使用变量来存储这些临时数据，变量就是保存可变数据的容器。PHP 中的变量可看作是计算机的内存单元，程序一旦设置了变量，就可以借助变量名访问内存中的数据。

（1）变量的定义与传值赋值

在 PHP 中，变量是由 $ 和变量名组成的，并且变量名的命名规则与标识符相同。由于 PHP 是一种弱类型语言，不需要显式地声明，因此，通常情况下，变量的定义与赋值是同时进行的，即直接将一个数值通过"="赋给变量。变量的传值赋值如例 2-2 所示。

【例2-2】assignment.php.

```
$age = 12;
$num = $age;
$age = 100;
echo '$num='.$num;
echo '<hr>';
echo '$age='.$age;
```

程序运行结果如图2-3所示，num和age为两个独立变量，都有自己的内存空间，使用传值赋值之后，改变一个值不会影响另外一个值。

（2）变量的引用赋值

引用赋值是实现变量的引用，相当于给变量起一个别名，引用赋值在变量前面加&符号。变量的引用赋值如例2-3所示。

【例2-3】reference assignment.php。

```
$age = 12;
$num = &$age;
$age = 100;
echo '$num='.$num;
echo '<hr>';
echo '$age='.$age;
```

程序运行结果如图2-4所示。

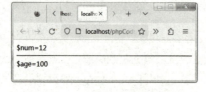

图2-3 变量的传值赋值

图2-4 变量的引用赋值

从图2-4的运行结果来看，当变量$age的值修改为100时，$num的值也随之变为100。由于引用赋值的方式相当于给变量起一个别名，当一个变量的值发生改变时，另一个变量也随之变化，相当于num和age共享同一个内存空间，如图2-5所示。

图2-5 引用赋值内存图例

3. 常量

在PHP脚本运行过程中，常量的值始终不变。常量的特点是一旦被定义就不能被修改或重新定义。例如，数学中的圆周率π就是一个常量，其值是固定且不能被改变的。PHP中常量的命名遵循标识符的命名规则，习惯上总是使用大写字母定义常量名称。

（1）使用define()函数定义常量

定义方式为：define(常量名,常量值,是否区分大小写)。

```
define('VERSION', '2.0', true);
echo VERSION;              // 正常输出：2.0
echo version;              // 正常输出：2.0
```

define()函数的第一个参数表示常量的名称；第二个参数表示常量值；第三个参数表示常量对大小写是否敏感（默认值为false），当为true时表示不敏感，如在上述实例中输出值都是2.0。

（2）使用const关键字定义常量

只需在const后面跟上一个常量名称，并使用"="进行赋值。

```
const pai = 3.14;
echo pai;
```

4．数据类型

在PHP语言中，由于数据存储时所需要的容量各不相同，因此，为了区分不同的数据，需要将数据划分为不同的数据类型。PHP的数据类型共有八种，具体如图2-6所示。

PHP是一种弱类型语言，变量的类型是由PHP在运行时根据上下文的环境生成的。常见的数据类型有：

（1）boolean（布尔型）

布尔型是PHP中较常用的数据类型之一，它的值只有true和false，并且这两个值是不区分大小写的。

图 2-6 PHP 的数据类型

> 小提示：
>
> 在某些特殊情况下，不仅true和false可以表示boolean值，其他类型的数据也可以表示boolean值。例如，可以用0表示false，用非0表示true。

（2）integer（整型）

整型用来表示不包含小数部分的数，它可以用十进制、十六进制、八进制或二进制指定，并且前面可加上"+"或"-"号表示正数或负数。当使用八进制表示时，数字前必须加上0（零），使用十六进制表示时，数字前必须加上0x（零x），具体示例如下：

```
$a = 123;        // 十进制数，数值为123
$b = -123;       // 十进制负数，数值-123
$c = 0123;       // 八进制数，等于十进制的83
$d = 0x123;      // 十六进制数，等于十进制的291
```

需要注意的是，对变量进行赋值时，如果给定的数字超出了integer类型所能表示的最大范围，就会发生数据溢出，导致数据丢失精度。而不同平台的整型数值范围也是不同的，例如，在32位平台下的取值范围是$-2^{31} \sim 2^{31}-1$（大约20亿，10位），在64位平台下取值范围是$-2^{63} \sim 2^{63}-1$（大约为9E18）。

（3）float（浮点型）

浮点型可以存储整数，也可以存储小数，它的数值范围和平台有关，在32位操作系统中，其有效的取值范围是1.7E-308~1.7E+308。在PHP中，浮点数有两种书写格式：

① 标准格式，具体示例如下：

```
$a = 3.1415
$b = 3.5831
```

② 科学记数法格式，具体示例如下：

```
$c = 3.58E1
$d = 849.52E-3
```

上述两种格式中，不管采用哪种格式表示浮点数，它们都只具有14位数十进制数字的精度。精度是从最左边开始，第一个非0数就是精度开始，从精度开始后的第15位数按照四舍五入的原则来决定是否向前一位进1。

（4）string（字符串型）

字符串是连续的字符序列，它可以由字母、数字和符号组成。字符串中的每个字符只占用一个字符。在PHP中，最常用的字符串定义方式是单引号和双引号，单引号与双引号的区别见例2-4。

【例2-4】string.php。

```
$addr = 'China';
$str1 = "Hello $addr";
$str2 = 'Hello $addr';
echo $str1.'<br>';
echo $str2;
```

程序运行结果如图2-7所示。从运行结果来看，双引号包含的字符串中的变量 $addr 会被解析，单引号包含的字符串中的变量 $addr 不会解析，只会输出其字符本身。

图2-7 单引号与双引号的区别

5. 算术运算符

在数学运算中最常见的就是加、减、乘、除运算，也被称为四则运算。PHP中的算术运算符就是用来处理四则运算的符号，这是最简单、最常用的运算符号。算术运算符就是用于对数值类型的变量及常量进行数学运算的符号。表2-4列出了PHP中的算术运算符。

表2-4 PHP中的算术运算符

运算符	含义	范例	结果
+	正号	+3	3
-	负号	-2	-2
+	加	5+5	10
-	减	6-4	2
*	乘	3*4	12
/	除	4/5	0.8
%	取模（即求余数）	7%5	2

在实际使用算术运算符的过程中，应注意以下两点：

① 进行四则混合运算时，运算顺序要遵循数学中"先乘除后加减"的原则。

② 在进行取模运算时，运算结果的正负取决于被模数（%左边的数）的符号，与模数（%右边的数）的符号无关，例如，(-7)%5=-2，而7%(-5)=2。

6. 赋值运算符

赋值运算符是一个二元运算符，它有两个操作数，用来对这两个操作数进行相应的运算。表2-5列出了PHP中的赋值运算符。

表2-5 PHP中的赋值运算符

运算符	含义	范例	结果
=	赋值	$a=10;$b=20;	$a=10;$b=20;
+=	加等于	$a=10;$b=20;$a+=$b;	$a=10;$b=30;
-=	减等于	$a=30;$b=20;$a-=$b;	$a=10;$b=20;
*=	乘等于	$a=3;$b=10;$a*=$b;	$a=30;$b=10;
/=	除等于	$a=3;$b=2;$a/=$b;	$a=1.5;$b=2;
%=	模等于	$a=7;$b=3;$a%=$b;	$a=1;$b=3;
.=	连接等于	$a='abc';$a .= 'def';	$a='abcdef'

赋值运算符的作用就是将常量、变量或表达式的值赋给某一个变量。表中列举了PHP语言中的赋值运算符及其用法。

"="的作用不是表示相等关系，而是赋值运算符，即将等号右侧的值赋给等号左侧的变量。在赋值运算符的使用中，需要注意以下几个问题：

① 在PHP语言中可以通过一条赋值语句对多个变量进行赋值，具体示例如下：

```
$a;
$b;
$c;
$a = $b = $c = 5;              // 为三个变量同时赋值
```

在上述代码中，一条赋值语句可以同时为变量$a、$b、$c赋值，这是由于赋值运算符的结合性为"从右向左"，即先将5赋值给变量$c，然后再把变量$c的值赋值给变量$b，最后把变量$b的值赋值变量$a，表达式赋值完成。

② 除了"="，其他的都是特殊的赋值运算符，接下来以"+="为例，学习特殊赋值运算符的用法，示例代码如下：

```
$a = 2;
$a += 3;
```

上述代码中，执行代码$a += 3后，a的值为5。这是因为表达式的执行过程为：将a的值和3执行相加；将相加的结果赋值给变量a。所以，表达式$a=+3就相当于$a = $a + 3，再进行相加运算，再进行赋值。-=、*=、/=、%=赋值运算符都可依此类推。

③ ".="表示对两个字符串进行连接操作，生成一个新的字符串并赋值给变量，它又被称为字符串运算符。示例代码如下：

```
$a = 'abc';
$a .= 'def';
echo $a;
```

上述代码中，输出$a的结果为'abcdef'。这是因为执行$a .= 'def'时，'abc'

和 'def' 两个字符串进行了拼接操作，生成新的字符串 'abcdef'，并将其赋值给了 $a。

7. 数据类型转换

在 PHP 中，设置变量前不需要声明该变量的数据类型，但是，如果设置的数据类型不符合逻辑，PHP 会对变量的类型进行转换。通常情况下，变量类型的转换分为两种，分别是自动类型转换和强制类型转换。

（1）自动类型转换

所谓自动类型转换，是指变量的类型由 PHP 自动转换，我们无须做任何操作。在 PHP 程序中，最常见的自动类型转换情况有三种，分别是转为布尔型、转为整型、转为字符型。

① 转为布尔型。在 PHP 程序中，经常会把一个值转为布尔型。很多情况下，系统会自动将其他类型的数据转为布尔型。

```
$a = 1;
if($a == true)
    echo '相等';
else
    echo '不相等';
```

运行结果为"相等"。以上的代码中，在进行逻辑判断时，会自动把变量 $a 从 int 类型转为布尔类型，由于 $a 的值非 0，因此会转换成 true，当转为布尔类型时，有一些值会被转为 false，具体如下：

- 整型值 0（零）。
- 浮点型值 0.0（零）。
- 空字符串，以及字符串 "0"。
- 不包括任何元素的数组。
- 不包括任何成员变量的对象。

除此之外，其他值会被转为 true。转换成布尔型的例子见例 2-5。

【例 2-5】convertToBool.php。

```
var_dump((boolean)0); echo '<br>';
var_dump((boolean)0); echo '<br>';
var_dump((boolean)'0'); echo '<br>';
var_dump((boolean)''); echo '<br>';
var_dump((boolean)array());
```

程序运行结果如图 2-8 所示，从运行结果来看，0、0.0、'0'、空字符串、空数组转为布尔型值为 false。

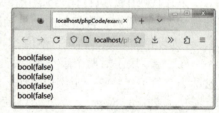

图 2-8 转为布尔型

② 转为整型。在 PHP 中，除了可以将不同的数据类型转为布尔型，还可以转为整型，其中，布尔类型、浮点类型和字符类型的变量转为整型的方式如下：

- 布尔型转换成整型：布尔值 true，转换成整数 1；布尔值 false，转换成整数 0。
- 浮点型转换成整型：浮点数转换成整数时，将向下取整。

- 字符串型转换成整型：字符串的开始部分决定它的值。如果该字符串以合法的数值开始，则使用该数值，否则其值为0（零）。

转为整型的案例见例2-6。

【例2-6】convertToInt.php。

```
if("123abc" == 123){
    echo '相等<br>';
}
if("abc" == 0){
    echo '相等<br>';
}
if(true == 1)
    echo '相等<br>';

if(false == 0)
    echo '相等<br>';
```

程序运行结果如图2-9所示。从运行结果来看，当字符串型转换为整型时，若字符串是以数字开始，则使用该数值，否则转换为0；布尔值true转换成整数1，布尔值false转换成整数0。

③ 转为字符串型。在PHP程序中，将其他类型的数据转为字符串型也是很常见的，其中，将布尔型、整型或浮点型转为字符串型的方式如下：

图2-9 转为整型

- 布尔型转为字符串：布尔值true，转换成字符串"1"；布尔值false，转换成空字符串""。
- 整型或浮点型转换成字符串：把数字的字面样式转换成string形式。

（2）强制类型转换

所谓强制类型转换，就是在编写程序时手动转换数据类型，在要转换的数据或变量之前加上"（目标类型）"即可，见表2-6。

表2-6 强制类型及功能描述

强制类型	功能描述
（boolean）	强转为布尔型
（string）	强转为字符串型
（integer）	强转为整型
（float）	强转为浮点型
（array）	强转为数组
（object）	强转为对象

强制类型转换的转换规则和自动类型转换一致，把表达式的运算结果强制转换成类型说明符所表示的类型，示例代码如下：

```
var_dump((boolean) - 5.9);      // 运行结果：bool(true)
var_dump((integer)'hello');     // 运行结果：int(0)
```

```
var_dump((float)false);              // 运行结果：float(0)
var_dump((string)12);                // 运行结果：string(2) "12"
```

操作视频

任务2.2 商品价格计算

🎯 任务实施

① 打开 PhpStorm 软件，新建项目。
② 新建 PHP 文件。
③ 编写 PHP 代码，定义变量保存商品信息，定义一个常量保存商品折扣，利用算术运算符计算商品的价格，代码如下所示：

```php
<?php
    $fruit1 = '香蕉';
    $fruit2 = '苹果';
    $fruit3 = '橘子';
    $weight1 = 2;
    $weight2 = 1;
    $weight3 = 3;
    $price1 = 2.5;
    $price2 = 6.89;
    $price3 = 3.5;
    $count1 = $weight1 * $price1;
    $count2 = $weight2 * $price2;
    $count3 = $weight3 * $price3;
    const DISCOUNT = 0.9;
    $total = ($count1 + $count2 + $count3) * DISCOUNT;
?>
```

④ 在文件中插入表格，并在单元格中输出商品信息，核心代码如下所示：

```
<table class = "table" style = "width: 80%;margin:20px auto;">
    <caption>商品价格计算</caption>
    <tr>
        <th>商品名称</th>
        <th>商品数量</th>
        <th>商品单价</th>
        <th>商品总价</th>
    </tr>
    <tr>
        <td><?php echo $fruit1; ?></td>
        <td><?php echo $weight1; ?></td>
        <td><?php echo $price1; ?></td>
        <td><?php echo $count1; ?></td>
    </tr>
    <tr>
        <td><?php echo $fruit2; ?></td>
        <td><?php echo $weight2; ?></td>
        <td><?php echo $price2; ?></td>
        <td><?php echo $count2; ?></td>
```

```
        </tr>
        <tr>
            <td><?php echo $fruit3; ?></td>
            <td><?php echo $weight3; ?></td>
            <td><?php echo $price3; ?></td>
            <td><?php echo $count3; ?></td>
        </tr>
        <tr>
            <td colspan = "2">商品折扣：<span class = "red-b">
                <?php echo DISCOUNT; ?></span></td>
            <td colspan = "2">订单总价：<span class = "red-b">
                <?php echo $total; ?></span></td>
        </tr>
</table>
```

⑤ 在浏览器中浏览 PHP 文件，结果如图 2-10 所示。

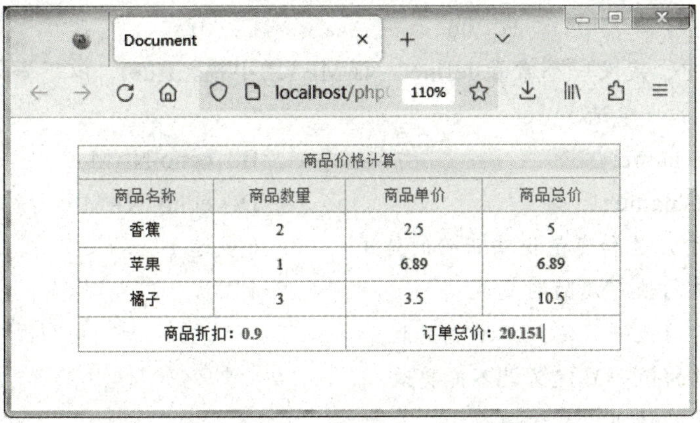

图 2-10　商品订单显示

素养园地

　　陆子冈是明代的雕刻家、琢玉工艺家，自幼在苏州城外的玉器作坊学艺，技艺精湛。他对艺术的追求极其严谨，琢玉技艺全面，尤其擅长平面减地之技法，能使之表现出类似浅浮雕的艺术效果。他的作品玲珑奇巧，花茎细如毫发，深受后人赞誉。陆子冈的职业素养体现在他对琢玉技艺的执着追求和对艺术品的精益求精上。

　　在编程的世界里，我们同样需要这样的精神。编程规范，就如同琢玉中的精细雕琢，它不仅是代码的"颜值"，更是逻辑的严谨与安全的保障。正如陆子冈对每一块玉石的精心雕琢，我们在编程时也应严格遵守规范，确保每一行代码都清晰、准确、高效。学习陆子冈的匠心精神，将编程规范内化于心，外化于行，让每一行代码都成为我们职业素养的见证。在科技日新月异的今天，让我们以匠人之心书写编程之美，共同推动技术的进步与发展。

自我测评

一、填空题

1. PHP 的标准标记是_____。
2. 使用预定义常量_____可以获取当前 PHP 环境的操作系统类型。
3. PHP 中用来定义常量的函数是_____。

二、选择题

1. 关于 PHP 语言嵌入 HTML 中，以下说法正确的是（　　）。（多选）
   A. 可以在两个 HTML 标记对的开始和结束标记中嵌入 PHP
   B. 可以在 HTML 标记的属性位置处嵌入 PHP
   C. HTML 文档中可以嵌入任意多个 PHP 标记
   D. PHP 嵌入 HTML 中的标记必须是 <? ?>

2. 在 PHP 中，要使用十六进制数，可以在前面加（　　）。（单选）
   A. 0b   B. 0o   C. 0f   D. 0x

3. 在 PHP 中，定义一个常量 define('NAME',' 小鸭 ',true)，以下语句正确输出"小鸭"的是（　　）。（单选）
   A. echo name;   B. echo NAM;
   C. echo 'name';   D. echo 'NAME';

4. 以下对于常量和变量说法正确的是（　　）。（多选）
   A. 变量的值可以随时更改
   B. 常量的值一旦定义就不能更改
   C. 变量的值一旦定义就不能更改
   D. 常量的值可以随时更改

5. 对于 PHP 中的引用说法正确的是（　　）。（多选）
   A. 在 PHP 中，$b=&$a 表示如果 $a 的值变了 $b 的值也会跟着变，$b 的值变了 $a 的不会变
   B. 在 PHP 中，$b=&$a 表示如果 $a 的值变了 $b 的值也会跟着变，$b 的值变了 $a 的跟着变
   C. 在 PHP 中，$b=&$a 表示 $a 和 $b 指向的是同一地址
   D. 在 PHP 中，$b=&$a 表示 $a 和 $b 指向的是不同的地址

三、简答题

1. 请列举六个 PHP 中常见的预定义常量。
2. 简述 echo、print、print_r()、var_dump() 的区别。
3. 请列举 PHP 支持的所有数据类型。

项目3 PHP流程控制

📖 课前学习工作页

扫一扫侧边栏中的二维码，观看相关视频，完成下面的题目。

1. 简答题
① PHP 有几种流程控制结构？
② PHP 有哪几种循环结构？
③ PHP 有哪几种分支结构？

分支结构

while循环

for循环

2. 选择题
① PHP 中可以实现循环的是（　　）。（多选）
  A. Switch B. for C. while D. do...while
② PHP 中可以实现程序分支结构的关键字是（　　）。（多选）
  A. While B. for C. if D. switch
③ 不论循环条件判断的结果是什么，（　　）循环将至少执行一次。（单选）
  A. While   B. do...while
  C. for   D. 以上都不是
④ 下列关于while循环、do...while循环和for循环说法错误的是（　　）。（单选）
  A. while循环先执行条件判断，do...while循环先执行循环体
  B. do...while循环结束的条件是关键字while后的条件表达式成立
  C. for循环结构中的三个表达式缺一不可
  D. while循环能够实现的操作，for循环也能实现
⑤ for($i=0;$i=1;$i++){} 此循环执行（　　）次。（单选）
  A. 死循环 B. 1 C. 2 D. 3

📝 课堂学习任务

  所有 PHP 程序都由语句构成，程序就是一系列语句的组合，计算机通过执行这些语句可以完成特定的功能。一般情况下，程序都是从第一条语句开始执行，按顺序执行到最后一条语句。但因为某种情况，需要改变程序的执行顺序，这时就需要用到流程控制语句了。流程控制语句完成了许多顺序执行方法不能完成的操作，它能对一些条件做出判断，进而选择不同的语句块执行。

本项目将详细讲解比较运算符、逻辑运算符、分支结构、循环结构、跳转语句，设置了以下任务：

任务3.1 空气质量指数等级判断
任务3.2 九九乘法表的打印
任务3.3 金字塔图形的打印

学习目标

知识目标	理解并掌握比较运算符和逻辑运算符的使用。 理解三目运算符的语法及其在简化条件判断中的应用。 掌握if条件分支结构的语法和用法。 理解switch...case分支结构的用法，能够根据多个可能的值选择执行不同的代码。 掌握while、do...while、for循环的语法及其在遍历中的应用。 理解break和continue跳转语句的功能，能够灵活使用它们来控制循环和条件语句的执行流程
能力目标	能够灵活运用比较运算符和逻辑运算符进行条件判断，解决实际问题。 能够使用三目运算符简化代码，提高代码的简洁性。 能够在实际项目中运用if和switch...case结构进行条件分支，实现不同逻辑处理。 能够熟练使用各种循环结构（while、do...while、for）进行重复操作，解决复杂的逻辑需求。 能够通过break和continue语句优化循环控制，提高代码效率
素质目标	培养良好的编程逻辑思维，提升条件判断和循环控制的能力。 增强代码调试和问题解决的能力。 培养严谨的代码风格，注重可读性和结构化，提升团队协作能力。 激发自主学习的兴趣，鼓励探索和实践不同的编程解决方案，提高综合编程素养

任务3.1 空气质量指数等级判断

任务描述

空气质量指数（air quality index, AQI）是定量描述空气质量状况的无量纲指数。在环境监测系统中，通过采样仪器采集空气质量指数，然后进行等级划分。空气质量指数的取值分为以下五个级别：

- 1级，0~50，空气质量评估为优。
- 2级，51~100，空气质量评估为良。
- 3级，101~200，为轻度污染。
- 4级，201~300，中度污染。
- 5级，>300，严重污染。

下面通过PHP程序来判断空气质量指数的等级，从而掌握PHP中的逻辑运算、比较运算、三元运算符以及if...else分支结构的使用。

知识储备

1. 比较运算符

比较运算符用来对两个变量或表达式进行比较，其结果是一个布尔类型的true或

false。比较运算符见表3-1。

表 3-1 比较运算符

运算符	含义	范例（$x=5）	结果
==	等于	$x == 4	false
!=	不等于	$x != 4	true
<>	不等于	$x <> 4	true
===	恒等	$x === 5	true
!==	不恒等	$x !== '5'	true
>	大于	$x > 5	false
>=	大于或等于	$x >= 5	true
<	小于	$x < 5	false
<=	小于或等于	$x <= 5	true

以下为比较运算符的部分实例：

```
$a = 10;
$b = 20;
var_dump($a < $b);
echo '<br>';
var_dump($a != $c);
```

输出结果为：

```
bool(true)
bool(true)
```

比较运算常用在条件判断语句中，和数学运算中的返回一致。

"==="表示恒等，和"=="相比，不仅两端的操作数的值要相等，操作数的类型也要一样，才会返回true，否则返回false。"==="的使用示例如下：

```
$a = 10;
$c = '10abc';
var_dump($a == $b);
echo '<br>';
var_dump($a === $c);
```

输出结果为：

```
bool(true)
bool(false)
```

2. 逻辑运算符

逻辑运算符就是在程序开发中用于逻辑判断的符号，其返回值类型是布尔类型，在PHP应用程序中起到了重要作用。逻辑运算符见表3-2。

表 3-2　逻辑运算符

运算符	含义	范例	结果
&&	与	$a && $b	$a和$b都为true，结果为true，否则为false
||	或	$a || $b	$a和$b中至少有一个为true，则结果为true，否则为false
!	非	!$a	若$a为false，结果为true，否则相反
xor	异或	$a xor $b	$a和$b一个为true，一个为false，结果为true，否则为false
and	与	$a and $b	与&&相同，但优先级较低
or	或	$a or $b	与||相同，但优先级较低

逻辑运算符示例如下：

```
$a = true;              // 声明一个布尔型变量$a，赋值为真
$b = false;             // 声明一个布尔型变量$b，赋值为假
var_dump($a && $b);
echo '<br>';
var_dump($a || $b);
echo '<br>';
var_dump(!$a);
```

输出结果为：

```
bool(true)
bool(true)
bool(false)
```

3. if语句

if语句（也称单分支语句）是指如果满足某种条件，就进行某种处理。

判断条件是一个布尔值。当判断条件为true时，{}中的执行语句才会执行；当代码块中只有一条语句时，"{}"可以省略。if语句的语法格式如下：

```
if(判断条件){
    代码块;
}
```

当代码块中的语句只有一条，{}可以省略。if语句（单分支语句）的执行流程如图3-1所示。

下面演示如何通过if判断用户名和密码是否正确，具体代码如例3-1所示。

【例3-1】if.php。

```
$name = 'admin';
$pwd = '123';
if($name == 'admin' && $pwd = '123') {
    echo '验证成功!'.'<br>';
}
echo '继续执行';
```

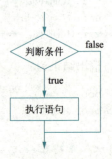

图3-1　if语句（单分支语句）流程

程序运行结果如图3-2所示。

以上代码在运行过程中，通过if判断条件为true，输出"验证成功"，执行完if{}中的代码后，程序按照顺序结构继续往下执行。

图3-2　用户名和密码验证

4．if...else语句

if...else语句（也称双分支语句）是指如果满足某种条件，就进行某种处理，否则就进行另一种处理。例如，要判断一个正整数的奇偶，如果该数字能被2整除则是一个偶数，否则该数字就是一个奇数。

if...else语句的语法如下：

```
if(判断条件){
    代码块1;
}
else{
    代码块2;
}
```

if...else语句（双分支语句）的执行流程如图3-3所示。

判断条件是一个布尔值。当判断条件为true时，if后面{}中的执行语句1会执行；当判断条件为false时，else后面{}中的执行语句2会执行。

以闰年的判断为例，若年份数值满足如下条件则是闰年：

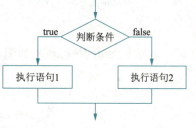

图3-3　if...else语句（双分支语句）流程

① 能被4整除而不能被100整除的为闰年。

② 能被400整除的为闰年。

下面通过if...else来判断指定的年份是否为闰年，具体代码如例3-2所示。

【例3-2】ifelse.php。

```
$year = 2008;
if(($year % 4 == 0 && $year % 100 != 0) || $year % 400 == 0)
    echo "$year 是闰年";
else
    echo "$year 不是闰年";
```

程序运行结果如图3-4所示。

在以上的案例中，第一个条件中两个表达式是并列的关系用"&&"，条件1和条件2是并列的关系用"||"。若if中的逻辑运算结果为true，则执行if分支中的语句，否则执行else分支，因此if...else语句应用在只有两种分支的程序判断中。

图3-4　闰年判断

5. if...elseif...else语句

if...elseif...else语句（也称多分支语句）用于对多个条件进行判断，进行多种不同的处理。if...elseif...else语句的语法如下：

```
if(条件1)
{
    代码块1;
}
else if(条件2)
{
    代码块2;
}
…
else if(条件n)
{
    代码块n;
}
else
{
    代码块n+1;
}
```

多分支语句的执行流程如图3-5所示。

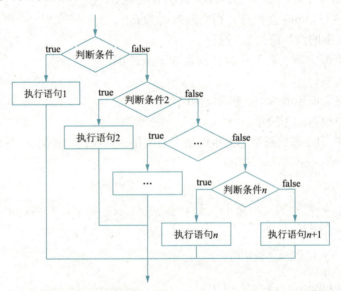

图3-5　多分支语句流程

判断条件是一个布尔值。当判断条件1为true时，if后面{}中的执行语句1会执行。当判断条件1为false时，会继续执行判断条件2，如果判断条件2为true则执行语句2，以此类推，如果所有的判断条件都为false，则意味着所有条件均未满足，else后面{}中的执行语句$n+1$会执行。

例如，我国习惯上用农历月份来划分四季：1～3月为春季，4～6月为夏季，7～9月为秋季，10～12月为冬季，具体代码如例3-3所示。

【例3-3】if-elseif-else.php。

```php
$month = 6;
if($month >= 1 && $month <= 3)
    echo "现在是春季！";
else if($month>=4&&$month<=6)
    echo "现在是夏季！";
else if($month>=7&&$month<=9)
    echo "现在是秋季！";
else
    echo "现在是冬季！";
```

程序运行结果如图3-6所示。

在以上的案例中，根据$month的取值范围把一年划分为四季，因此，共有四个分支，采用if...elseif...else语句来完成。当$month的取值满足哪个分支则执行打印对应的季节。

图 3-6　季节判断

> 小提示：
> else if中间的空格可以省略，即else if也可以写作elseif。

6. switch语句

switch语句也是多分支语句，它的好处就是使代码更加清晰简洁、便于读者阅读。switch的语法格式如下：

```
switch(表达式){
    case 值1:
        代码块1;
        break;
    case 值2:
        代码块2;
        break;
    ...
    default:
        代码块n;
}
```

switch语句执行思路：首先计算表达式的值，将表达式的值与结构中每个case的值进行比较，如果存在匹配，则执行与case关联的代码。代码执行后，使用 break 来阻止代码跳入下一个case中继续执行。default 语句用于不存在匹配（即没有case为真）时执行。

以某软件平台的登录跳转为例，演示switch语句的适应，具体代码如例3-4所示。

【例3-4】switch.php。

```php
$role = "教师";
switch($role)
{
    case "超级管理员":
        echo "跳转到超级管理员用户界面！";
        break;
    case "管理员":
```

```
            echo "跳转到管理员用户界面!";
            break;
        case "教师":
            echo "跳转到教师管理页面!";
            break;
        default:
            echo "跳转到学生用户界面!";
}
```

程序运行结果如图3-7所示。

在以上代码中，定义了变量$role的值为"教师"，使用switch语句判断$role的值并输出对应的跳转信息，模拟用户登录过程。需要注意的是，break语句用于跳出switch语句。如果没有break语句，则程序会执行到最后一个case语句。如果将上述示例代码中所有的break语句去掉，程序会执行所有case语句中的判断，程序执行效率大大降低。

> **小提示：**
> if...elseif...else 和 switch 都是多分支语句，但是 if...elseif...else 更适合于对区间（范围）的判断，而 switch 语句更适合于对离散值的判断。这里的实例为离散值的判断，更适合用 switch。

图 3-7 登录跳转判断

7. 三元运算符

三元运算符的功能与if...else流程语句一致，它在一行中书写，代码精练、执行效率高。在PHP程序中恰当地使用三元运算符能够让代码更为简洁、高效。

三元运算符的语法结构如下：

```
<条件表达式> ? <表达式1> : <表达式2>
```

先求条件表达式的值。如果值为真，则返回表达式1的执行结果。如果值为假，则返回表达式2的执行结果。示例代码如下：

```
$a = (1 > 0) ? true : false;         // 三元运算符与下面 if 语句的功能一样
if(1 > 0){
    $a = true;
}
else{
    $a = false;
}
```

操作视频
任务3.1 空气质量指数等级判断

任务实施

① 利用PHPStorm软件打开项目。
② 新建PHP文件3-1 API.php。

③ 在文件中编写PHP代码，核心代码如下：

```php
$AQI = 150;
if($AQI >= 0 && $AQI <= 50)
    echo "空气质量评估为优";
else if($AQI >= 51 && $AQI < 100)
    echo "空气质量评估为良";
else if($AQI >= 101 && $AQI < 200)
    echo "空气质量评估为轻度污染";
else if($AQI >= 201 && $AQI < 300)
    echo "空气质量评估为中度污染";
else
    echo "空气质量评估为严重污染";
```

④ 在浏览器中浏览PHP文件，程序运行结果如图3-8所示。

图3-8　AQI判断

任务 3.2　九九乘法表的打印

任务描述

九九乘法表体现了数字之间乘法的规律，成为学生在学习数学时必不可少的一项内容。那么如何使用程序代码打印下图所示的九九乘法表呢？

下面通过PHP提供的for循环语句来实现这个功能，从而了解并掌握for循环语句的特点，以及递增递减运算符、跳转语句在循环中的作用。

知识储备

1. 递增递减运算符

递增递减运算符可以看作一种特定形式的复合赋值运算符，它可以对数字类型变量的值进行加1或减1操作。递增递减运算符的用法及示例见表3-3。

表3-3　递增递减运算符的用法及示例

运算符	含义	范例	结果
++	自增（前）	$a=2;$b=++$a;	$a=3;$b=3;
++	自增（后）	$a=2;$b=$a++;	$a=3;$b=2;

续表

运算符	含义	范例	结果
--	自减（前）	$a=2;$b=--$a;	$a=1;$b=1;
--	自减（后）	$a=2;$b=$a--;	$a=1;$b=2;

从表中可以看出，在进行自增（++）和自减（--）的运算时，如果运算符（++或--）放在操作数的前面则是先进行自增或自减运算，再进行其他运算。反之，如果运算符放在操作数的后面则是先进行其他运算再进行自增或自减运算。递增递减运算符通常应用在循环结构的代码中。示例代码如下：

```
$a = 10;
$b = ++$a;
$c = $b++;
echo "a=$a,b=$b,c=$c";
```

输出结果为：

```
a=11,b=12,c=11
```

在以上代码中，$b=++$a 先执行 $a=$a+1，然后赋值给 $b。$c=$b++ 先执行 $c=$b 赋值，然后执行 $b=$b+1。因此最终 $a=11，$b=12，$c=11。

2. for循环语句

循环结构是指在程序中需要反复执行某个功能而设置的一种程序结构。它由循环体中的条件来判断继续执行某个功能还是退出循环。

for循环语句是最常用的循环语句，一般用在循环次数已知的情况下。for循环语句的语法格式如下：

```
for(①初始化表达式；②循环条件；③操作表达式){
    ④执行语句
    …
}
```

在上述语法格式中，for关键字后面()中包括了三部分内容：①初始化表达式；②循环条件；③操作表达式。它们之间用";"分隔，{}中的执行语句为循环体。for循环的执行流程如图3-9所示。

从图3-9的流程图可以看出，for循环执行流程如下：

第一步，执行①，初始化循环变量。
第二步，执行②，如果判断结果为true，执行第三步；如果判断结果为false，执行第五步。
第三步，执行④。
第四步，执行③，更新循环变量，然后跳转到第二步。
第五步，退出循环。

接下来通过一个案例对自然数1~100进行求和，具体代

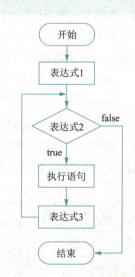

图3-9 for循环的执行流程

码如例3-5所示。

【例3-5】for.php。

```
$sum = 0;                          // 定义变量$sum，用于记录累加的和
for($i = 1; $i <= 100; $i++) {     // $i 的值会在1~100之间变化
    $sum += $i;                    // 实现$sum与$i的累加
}
echo '1到100的和为：'.$sum;         // 打印累加的和
```

程序运行结果如图3-10所示。

图3-10 1 到 100 的和

以上代码中，定义了$sum用来保存累加的和，使用for循环语句从1循环到100，每次把循环变量$i的值累加到$sum中。

操作视频

任务3.2 九九乘法表的打印

任务实施

① 把任务进行分解，利用循环打印出乘法表的层数，循环共执行9次，代码如下：

```
for($i = 1; $i <= 9; $i++)
{
    echo "<tr>";

    echo "</tr>";
}
```

② 在外层循环中使用for循环输出每层中的单元格，根据乘法口诀表的规律找到每层输出单元格数和外层循环变量之间的关系，如下：

外层循环为1，输出单元格1；

外层循环为2，输出单元格2；

……

外层循环为n，输出单元格n。

每层循环中打印单元格的个数为$i，因此，内层循环的代码如下：

```
for($j = 1; $j <= $i; $j++)
{
    ...
}
```

③ 利用每层中单元格的个数找出乘数与被乘数，进行求积运算，代码如下：

```
$k = $i * $j;
```

④将乘法运算显示在单元格中,代码如下:

```
echo "<td>$i"."x$j=$k</td>";
```

⑤在浏览器中运行PHP文件,运行结果如图3-11所示。
核心代码如下:

```
<table class = "table">
    <caption>乘法口诀表</caption>
<?php
    for($i = 1; $i <= 9; $i++)
    {
        echo "<tr>";
        for($j = 1; $j <= $i; $j++)
        {
            $k = $i * $j;
            echo "<td>$i"."x$j=$k</td>";
        }
        echo "</tr>";
    }
?>
</table>
```

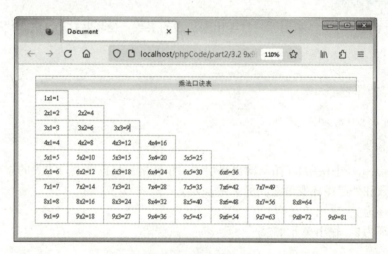

图 3-11 乘法口诀表

任务 3.3　金字塔图形的打印

任务描述

金字塔可以说是世界建筑的奇迹之一,其形状呈三角形,那么如何使用程序代码来打印图3-12所示的金字塔图形呢？

下面通过PHP中提供的while循环语句和递增递减运算符来实现这个功能，从而根据条件判断使程序代码按照一定规律输出。

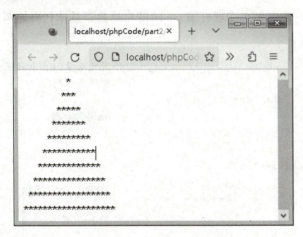

图 3-12　打印金字塔图形

知识储备

1. while循环

while循环语句和if语句有些相似，都是根据条件判断来决定是否执行大括号内的执行语句。区别在于，while语句会反复进行条件判断，只要条件成立，{}内的执行语句就会执行，直到条件不成立，while循环结束。

while循环语句的语法格式如下：

```
while(条件判断){
    执行语句
    …
}
```

{}中的执行语句被称作循环体。循环体是否执行取决于循环条件。当循环条件为true时，循环体就会执行。循环体执行完毕时会继续判断循环条件，如条件仍为true则会继续执行，直到循环条件为false时，整个循环过程才会结束。

while循环的执行流程如图3-13所示。

和for循环类似，while循环也需要控制循环的循环变量。循环变量的初始化放在while循环之前，循环变量的更新则需要放在循环体中。因此，一个完整的while循环的语法格式如下：

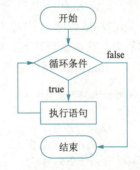

图 3-13　while 循环的执行流程

```
①初始化循环变量
while(②条件判断){
```

```
    ③执行语句
    ④更新循环变量
}
```

接下来,通过一个案例来实现打印1~10的自然数,具体代码如例3-6所示。
【例3-6】while.php。

```
$a = 1;                          // 定义变量$a,初始值为1
while($a <= 10) {                // 循环条件判断
    echo '$a='.$a.'<br>';
    $a++;                        // $a进行自增
}
```

程序运行结果如图3-14所示。

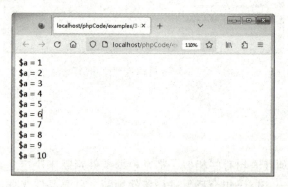

图3-14 while循环

在以上代码中,定义变量$a并赋初始值为1,在满足循环条件$a≤10的情况下,循环体会重复执行,打印$a的值,并让$a自增。因此打印结果中$a的值分别为1、2、3……值得注意的是,例3-6中"$a++"用于在每次循环时改变变量$a的值,从而达到最终改变循环条件的目的。如果没有这行代码,整个循环会进入无限循环的状态,永远不会结束。

2. do...while循环语句

关键字do后面{}中的执行语句是循环体。do...while循环语句将循环条件放在了循环体的后面,这也就意味着,循环体会无条件执行一次,然后再根据循环条件来决定是否继续执行。do...while循环的语法如下:

```
①初始化循环变量
do{
    ②执行语句
    ③更新循环变量
}while(④条件判断);
```

do...while循环的执行流程如图3-15所示。

接下来,使用do...while循环语句实现打印1~10的自然数,代码如下:

图3-15 do...while循环的执行流程

```
$a = 1;                        // 定义变量$a，初始值为1
do{
    echo '$a='.$a.'<br>';
    $a++;                      // $a进行自增
} while($a <= 10);             // 循环条件判断
```

从以上do…while循环和while循环的案例可以看出，两种循环都能实现同样的功能，两种循环大多数情况下都可以互换，只有在如下的情况下才有区别，具体代码如例3-7所示。

【例3-7】do-while.php。

```
$a = 11;                       // 定义变量$a，初始值为11
while($a <= 10){               // 循环条件
    echo '执行while循环';
    $a++;                      // $a进行自增
}

$a = 11;                       // 定义变量$a，初始值为11
do{
    echo '执行do…while循环';
    $a++;                      // $a进行自增
}while($a <= 10);              // 循环条件判断
```

程序运行结果如图3-16所示。

在以上的代码中，循环条件在循环语句开始时就不成立，那么while循环的循环体一次都不会执行，而do…while循环的循环体还是会执行一次。

图 3-16 while 与 do…while 的区别

3. 跳转语句

在循环结构中，如果想要控制程序的执行流程，例如满足特定条件时跳出循环，或者结束执行本次循环、开始下一轮循环，可以使用跳转语句来实现。PHP常用的跳转语句有continue语句和break语句。下面对这两种跳转语句进行详细讲解。

（1）continue语句

continue语句用于结束本次循环，开始下一轮循环。当使用循环语句输出1～10的奇数时，如果是奇数则输出对应的值，如果是偶数则跳过，可使用continue语句控制循环的执行流程。下面以求100以内奇数的和为例来说明，具体代码如例3-8所示。

【例3-8】continue.php。

```
$sum = 0;                      // 用于保存1～100的奇数和
for($i = 1; $i <= 100; ++$i)
{
    if($i % 2 == 0)            // 若为偶数，则不累加
    {
        continue;              // 结束本次循环
```

```
    }
    $sum += $i;                    // 累加奇数
}
echo '$sum = '.$sum;
```

程序运行结果如图3-17所示。

在以上代码中，当$i为偶数时，$i对2取模运算的结果等于0，使用continue结束本次循环，$i不进行累加；当$i为奇数时，$i对2取模运算的结果不等于0，对$i进行累加，最终输出的结果为2500。

图3-17 1～100 的奇数和

（2）break语句

break语句除了可以用在switch语句中，还可以用在循环语句中。break语句在循环语句中用于终止循环。例如，当while语句的循环条件永远为true时，就会形成死环，如果想要终止死循环，可以在while循体中使用break语句。下面通过打印100以内的完全平方数来演示在循环语句中使用break语句，具体代码如例3-9所示。

【例3-9】break.php。

```
$i = 1;
while(true)
{
    $num = $i * $i;
    if($num > 100)
    {
        break;
    }
    echo "第".$i."个完全平方数： ".$num."<br>";
    $i++;
}
```

程序运行结果如图3-18所示。

在以上代码中，事先不知道程序的循环次数，因此while(true)让程序为一个死循环，当完全平方数大于100时，采用break跳出整个循环，循环终止。

根据例3-8和例3-9可以看出，break语句与continue语句区别在于：break语句是终止当前循环，跳出循环体，而continue语句是结束本次循环的执行，开始下一轮循环的执行操作。

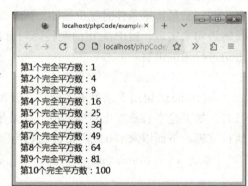

图3-18 打印 100 以内的完全平方数

任务实施

① 从案例效果图可以看出，该金字塔图形使用星号（*）来表示，每行先打印若干空格，再打印若干个"*"，且一共10行，因此可以用循环打印出10行，代码如下：

项目 3 PHP 流程控制

```
$line = 10;              // 控制打印的总行数
$i = 1;                  // 控制打印行数的循环变量
while($i <= $line)
{
    // 打印空格
    // 打印'*'
    echo '<br>';
    $i++;
}
```

② 打印当前行的空格：根据案例效果图可以看出，第10行0个空格，第9行1个空格，第8行2个空格……通过以上规律，可以总结出该金字塔图形中星号与空格的计算公式，具体如下：每行"*"前面空格数 = 金字塔图形的总行数 − 当前所在行数，即 $line-$i。因此每行打印空格的代码如下：

```
// 打印空格
$j = 1;
while($j <= $line - $i)
{
    echo " ";
    $j++;
}
```

③ 打印当前行的"*"：根据案例效果图可以看出，第1行1个"*"，第2行3个"*"，第3行5个"*"，依次类推，第10行19个"*"，前面没有空格。通过以上规律，可以总结出该金字塔中星号的计算公式：每行"*"数 = 当前行数 × 2-1（即2*$i-1）。

因此每行打印"*"的代码如下：

```
// 打印空格
$j = 1;
while ($j <= $line - $i)
{
    echo " ";
    $j++;
}
```

④ 考虑到浏览器中空格宽度和"*"宽度不一致，可以考虑用白色的"*"替换空格，使显示更加整齐。案例完整代码如下：

```
$line = 10;
$i = 1;
while($i <= $line)
{
    // 打印空格
    $j = 1;
    while($j <= $line - $i)
    {
        echo "<span style='color: white;'>*</span>";
```

```
        $j++;
    }
    /*打印"2*$i-1个"*" */
    $k = 1;
    while($k <= 2 * $i - 1)
    {
        echo "*";
        $k++;
    }
    echo "<br>";
    $i++;
}
```

⑤ 在浏览器中浏览PHP文件，运行结果如图3-12所示。

素养园地

春秋时期，越王勾践遭受了前所未有的挫败，被吴王夫差打得国破家亡。然而，他并未因此沉沦，反而选择了一条极其艰难却充满智慧的复兴之路。勾践每天睡在粗糙的柴草上，以时刻提醒自己勿忘国耻；更在床头悬挂苦胆，每日品尝其苦涩，以此铭记复仇之志。这种日复一日、年复一年的坚持与努力，构成了勾践人生中最宝贵的财富。

在编程循环的学习中，我们同样需要这种持之以恒的精神。编程是一项需要不断积累和实践的技能，只有不断地编写代码、调试程序，才能逐步掌握编程的精髓。正如勾践每天品尝苦胆以提醒自己不忘复仇之志一样，我们也应该时刻保持对编程的热爱和执着，用坚定的信念和不懈的努力去追寻编程的巅峰。

"不积跬步，无以至千里"。在编程的道路上，没有捷径可走，只有脚踏实地、一步一个脚印地前行。我们要将卧薪尝胆的精神内化于心，外化于行，用每一天的进步和成长来堆砌自己的编程大厦。只有这样，我们才能在未来的职业生涯中，凭借扎实的编程技能和坚定的信念去迎接各种挑战和机遇，实现自己的职业目标和人生理想。

自我测评

一、填空题

1. 从循环体内跳出循环外，即结束循环的语句是_____。
2. 结束本次循环的语句是_____。
3. PHP有_____、_____和_____循环结构。
4. PHP有_____、_____、_____和_____分支结构。

二、选择题

1. PHP中可以实现循环的是（　　）。（多选）
   A．switch　　　　B．for　　　　C．while　　　　D．do...while

2. continue 可以用在（　　）语句中。（多选）

　　A. for　　　　　　B. while　　　　　C. do...while　　　D. switch

3. 循环 for($i=0;$i<0;$i++){} 会执行（　　）次。（单选）

　　A. 死循环　　　　　B. 0　　　　　　　C. 1　　　　　　　D. 2

4. PHP中可以实现程序分支结构的关键字是（　　）。（单选）

　　A. while　　　　　　B. for　　　　　　C. if　　　　　　D. switch

三、编程题

1. 利用循环语句，实现在网页中打印用星号"*"组成的菱形图案，如图3-19所示。

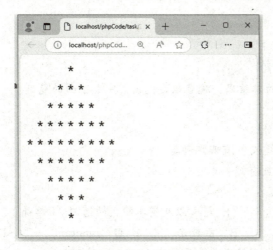

图3-19　用星号"*"组成的菱形图案

2. 编程求100～999所有的水仙花数。水仙花数是指一个 n 位数（$n \geq 3$），它的每个位上的数字的 n 次幂之和等于它本身（如：$1^3 + 5^3 + 3^3 = 153$）。

3. 求 1+2!+3!+…+20! 的值。

项目 4
数组与函数

📖 课前学习工作页

扫一扫侧边栏中的二维码，观看相关视频，完成下面的题目。

1. 简答题
① 函数的作用是什么？
② PHP 数组如何定义？有哪几种类型？
③ 常见的数组函数有哪些类型？

2. 选择题
① 函数调用是由（　　）、括号以及实参组成的语句。（单选）
   A. 变量名　　　　B. 函数名　　　　C. function　　　　D. for
② PHP 语言中获取字符串长度函数为（　　）。（单选）
   A. Asc　　　　B. Chr　　　　C. strlen　　　　D. mid1
③ 索引数组的键是（　　），关联数组的键是（　　）。（单选）
   A. 浮点，字符串　　　　　　　　B. 正数，负数
   C. 偶数，字符串　　　　　　　　D. 字符串，布尔值
   E. 整型，整型或字符串
④ 下列函数中，可以把数组的内容倒序排列的是（　　）。（单选）
   A. array_reverse()　　　　　　　B. sort()
   C. rsort()　　　　　　　　　　　D. 以上都不对
⑤ 要访问数组 $arr = array ("PHP","C++","JAVA") 中每个元素的值，如何遍历 $arr 数组最合适？（　　）（单选）
   A. 用 for 循环　　　　　　　　　B. 用 foreach 循环
   C. 用 while 循环　　　　　　　　D. 用 do...while 循环

数组

函数

数组函数

字符串函数

📝 课堂学习任务

数组是 PHP 中重要的数据类型之一，在 PHP 中被广泛应用。标量类型的变量只能保存一个数据，而复合类型的数组变量能够保存一批数据，从而很方便地对数据进行分类和批量处理。

在开发过程中，常常需要重复进行某种操作或处理，如数据查询、字符串操作等。如果每次执行相同的操作都要重新输入一次代码，不仅会令程序员头痛不已，而且对于代码

项目 4　数组与函数

的后期维护及运行效果也有着较大的影响，而使用函数即可让这些问题迎刃而解。

本项目将详细讲解函数、数组以及常见的字符串函数、数组函数与数学函数，设置了以下任务：

任务 4.1　购物车显示
任务 4.2　商品订单计算
任务 4.3　随机抽奖

学习目标

知识目标	理解 PHP 中数组的特点及其存储结构。 掌握 PHP 数组的定义、访问和遍历。 理解 PHP 函数的基本定义，能够定义和调用自定义函数。 理解变量作用域的概念，包括局部变量、全局变量和静态变量。 掌握常用字符串函数的定义和应用。 理解和掌握常用数组函数的用法
能力目标	能够灵活运用索引数组和关联数组进行数据存储和处理，解决实际问题。 能够定义、调用和调试自定义函数，增强代码的复用性和模块化。 能够使用不同作用域的变量，理解其在函数和程序中的应用。 能够运用 PHP 字符串函数进行字符串操作，解决实际应用中的字符串处理需求。 能够使用常用数组函数进行数组操作，实现数组元素的排序、检索和统计等功能
素质目标	培养良好的编程习惯，注重代码的可读性和规范性。 提升逻辑思维能力，能够通过函数和数组有效组织和管理数据。 增强解决问题的能力，通过调试和优化代码提高程序性能。 激发自主学习的兴趣，鼓励探索 PHP 的高级特性，拓宽编程视野。 培养团队协作能力，通过代码共享和讨论提升团队整体开发水平

●●● 任务 4.1　购物车显示 ●●●

任务描述

在购物商城系统的开发过程中，需要显示用户的购物车信息，购物车信息包含了多个商品的多个属性。利用前面所学的知识，这就需要定义大量的变量去存储这些数据。显然这样做很麻烦，而且容易出错。这时，可以使用 PHP 提供的数组存储商品信息，利用数组遍历进行输出显示，从而体验在编程中使用数组的好处。

知识储备

1. 初识数组

（1）数组

在 PHP 中，数组是一个可以存储一组或一系列数据的变量，而数组中的数据称为数组元素。

（2）数组的组成

数组是由数组元素组成的，而数组中的元素又分为两部分：键和值。

① "键"是数组元素的识别名称,也被称为数组下标。
② "值"为数组元素的内容。
③ "键"和"值"之间使用"=>"连接。
④ 数组各个元素之间使用逗号","分隔。
⑤ 最后一个元素后面的逗号可以省略。

(3) 数组的分类

PHP 中的数组根据下标的数据类型,可分为索引数组和关联数组。数组元素的数据类型可以多样化,C++、Java 等其他编程语言只有索引数组,并且要求数组元素的数据类型一致。

索引数组是指下标为整型的数组,默认下标从 0 开始,也可自己指定。关联数组是指下标为字符串的数组。索引数组和关联数组的对比如图 4-1 所示。

键	值
0	a
1	b
2	20
3	30
...	...

索引数组

键	值
name	admin
pwd	123
gender	男
addr	广东省
...	...

关联数组

图 4-1 两种数组对比

2. 数组的定义与赋值

在使用数组前,首先需要定义数组。PHP 中通常使用两种方式定义数组,分别为使用赋值方式定义数组和使用 array() 函数定义数组。

(1) 使用赋值方式定义数组

赋值方式定义数组就是创建一个数组变量,然后使用赋值运算符直接给变量赋值。数组直接赋值的案例如例 4-1 所示。

【例 4-1】arrayAssignment.php。

```php
$fruits[0] = "apple";              // 直接赋值法定义索引数组
$fruits[1] = "orange";
$fruits[4] = "pear";
$fruits[] = "banana";
$fruits[] = "grape";
$price["apple"] = 7;               // 直接赋值法定义关联数组
$price["orange"] = 4.5;
$price["pear"] = 6.9;
print_r($price);
echo "<pre>";                      // 格式化数组输出
print_r($fruits);
```

以上代码通过直接赋值定义了一个索引数组 $fruits 和一个关联数组 $price,然后使用 print_r() 函数打印了 $fruits 数组。程序运行结果如图 4-2 所示。

从以上代码及运行结果可以看出:
① 当不指定数组的"键"时,默认"键"从"0"开始,依次递增。
② 当其前面有用户自己指定的索引时,PHP 会自动将前面最大的整数下标加 1,作为该元素的下标。

在 PHP 中,不仅可以定义索引数组和关联数组,还可以定义混合数组。混合数组赋值的案例如例4-2所示。

【例4-2】mixedArray.php。

```php
$arr['name'] = 'admin';
$arr['password'] = '123';
$arr[] = '超级管理员';           // 存储结果：$arr[0] = '超级管理员'
$arr[2] = '男';                  // 存储结果：$arr[2] = '男'
$arr['email'] = 'xxx@qq.com';
$arr[] = '广东省';               // 存储结果：$arr[3] = '广东省'
echo '<pre>';
print_r($arr);
```

以上代码通过直接赋值定义了一个数组 $arr，然后使用print_r()函数打印了 $arr 数组。程序运行结果如图4-3所示。

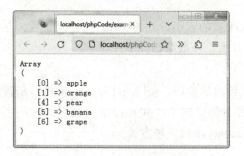

图4-2 索引数组的赋值

图4-3 混合数组

（2）使用array()函数定义数组

使用array()函数定义数组就是将数组的元素作为参数，各元素间使用逗号","分隔。使用array()函数定义数组的案例如例4-3所示。

【例4-3】mixedArray.php。

```php
$info = array('id' => 1, 'name' => 'admin');   // 定义一个关联数组
$num = array(20,70,50,90);                      // 定义一个索引数组
print_r($info);
echo '<br>';
print_r($num);
```

程序运行结果如图4-4所示。

3．访问数组元素

由于数组中的元素是由键和值组成的，而键又是数组元素的唯一标识，因此可以使用数组元素的键来获取该元素的值。示例代码如下：

```php
$info = array('id' => 1,'name' => 'admin');
echo $info['name'];        // 输出结果：admin
```

但若想要查看数组中的所有元素，使用以上方式会很烦琐，为此，PHP提供了print_r()和var_dump()

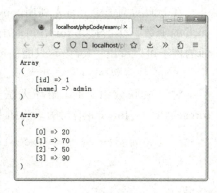

图4-4 array()函数定义数组

函数，专门用于输出数组中的所有元素。示例代码如下：

```
$info = array('id' => 1, 'name' => 'Tom');
print_r($info);          // 输出结果：Array([id]=>1 [name]=>Tom)
var_dump($info);         // 输出结果：array(2){["id"]=>int(1) ["name"]=>
                         string(3)"Tom"}
```

PHP中提供的unset()函数既可以删除数组中的某个元素，又可以删除整个数组。示例代码如下：

```
$fruit = array('apple', 'pear', 'orange');
unset($fruit[1]);
print_r($fruit);         // 输出结果为Array([0]=>apple[2]=>orange)
unset($fruit);
print_r($fruit);         // 输出结果为Notice: Undefined variable: fruit...
```

删除元素$fruit[1]后，数组不会再重建该元素的索引。当将$fruit数组删除后，在使用print_r()函数对其输出时，从输出结果可以看出，该数组已经不存在了。

4. 数组的遍历

对于数据的访问，在实际应用中更多的是数组的遍历。print_r()和var_dump()函数虽然也可以访问所有的数组元素，但是显示格式不能自定义。在PHP中，数组的遍历主要有for语句循环、foreach语句、list()函数结合each()函数三种方式。

（1）使用for语句循环遍历数组

对于索引数组，数组的键是从0开始按顺序往下递增的，因此可以使用for循环遍历数组元素。使用for循环遍历数组的案例如例4-4所示。

【例4-4】forArray.php。

```
$arr = array('12', 'admin', '超级管理员');
$num = count($arr);
for($i = 0; $i < $num; ++$i)
{
    echo "第$i个数组元素的值为：".$arr[$i].'<br />';
}
```

程序运行结果如图4-5所示。

在上面的例子中，首先利用count()函数计算数组元素的个数，然后使用for语句输出数组元素。从上面的例子可以看出，for语句只能循环输出索引数组。

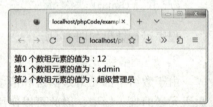

图4-5　for循环遍历数组

（2）使用foreach语句遍历数组

对于关联数组，for循环无法遍历，可以使用foreach语句。foreach语句的语法如下：

```
foreach($arr as $key=>$value)
{
    ...
}
```

$arr 为待输出的数组，foreach 语句按照数组元素的顺序逐个取出数组元素的键和值，分别赋值给 $key 和 $value 变量。$key 和 $value 的名称并非固定的，可以自定义。若在操作中不需要使用键，也可以：

```
foreach($arr as $value)
{
    ...
}
```

下面通过一个案例介绍 foreach 语句的运用。案例代码如例 4-5 所示。

【例 4-5】foreachArray.php。

```
$arr = array('ID' => '12', 'name' => 'admin', 'power' => '超级管理员');
foreach($arr as $key => $value)
{
    echo $key.':'.$value.'<br />';
}
```

程序运行结果如图 4-6 所示。

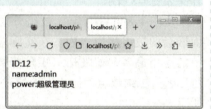

图 4-6 foreach 语句遍历数组

从以上的代码可以看出，for 循环和 foreach 语句都可以遍历数组，实现数据的灵活展示。在 PHP 中，for 循环和 foreach 语句区别如下：

① for 循环只适用于索引数组，foreach 语句不限制数组类型。

② for 循环需要先知道数组长度再操作，foreach 语句不需要。

③ foreach 语句效率比 for 循环高很多，主要原因是 for 循环要进行很多次条件判断。

④ 从数组变量的数据结构来看，foreach 语句直接通过结构体中 next 指针获取下一个值，而 for 循环需要根据 key 先进行一次 hash 才得到值。

（3）使用 list() 函数和 each() 函数遍历数组

除了使用 for 循环和 foreach 语句遍历数组外，还可以使用 list() 函数和 each() 函数遍历数组。each() 函数返回当前元素的键名和键值，并将内部指针向后移动；list() 函数用于在一次操作中给一组变量赋值。下面通过一个案例介绍 list() 函数和 each() 函数遍历数组。案例代码如例 4-6 所示。

【例 4-6】list&each.php。

```
$type = array('first' => "服装", "数码产品", "生活用品");
while(list($key, $val) = each($type))
{
    echo "$key=>$val<br>";
}
```

图 4-7 使用 list() 函数与 each() 函数遍历数组

程序运行结果如图 4-7 所示。

在以上代码中，运用 each() 函数取出 $type 数组中的一个元素，并将指针指向下一个元素，使用 list($key, $val) 函数保存数组元素对应的键和值，把整个数组元素值的代码放在 while 循环中实现遍历整个数组。

4．多维数组

多维数组是包含一个或多个数组的数组。在多维数组中，主数组中的每一个元素也可以是一个数组，子数组中的每一个元素也可以是一个数组。

一个数组中的值可以是另一个数组，另一个数组的值也可以是一个数组。依照这种方式，我们可以创建二维或者三维数组。二维数组语法格式如下：

```
$arr = array(
    array(elements…),
    array(elements…),
    …
)
```

按照以上语法，可以创建一个二维索引数组，数组的元素会自动分配键值，从 0 开始，数组的存储如图 4-8 所示。

	Column0	Column1	Column2
Row0	Arr[0][0]	Arr[0][1]	Arr[0][2]
Row1	Arr[1][0]	Arr[1][1]	Arr[1][2]
Row2	Arr[2][0]	Arr[2][1]	Arr[2][2]

图 4-8　二维数组的存储

从图 4-8 可以看出，数组外层相当于行，里面嵌套的数组相当于列。在实际应用中，二维数组的运用最多，如表格、矩阵等数据在编程中均可以通过二维数组存储。下面通过一个案例介绍二维索引数组的创建。案例代码如例 4-7 所示。

【例 4-7】twoDimensionalArray.php。

```php
$OS = array
(
    array("Android", 'Google', '2007'),
    array("Harmony OS", '华为', '2019')
);
print("<pre>");              // 格式化输出数组
print_r($OS);
```

程序运行结果如图 4-9 所示。

以上代码中，创建了一个索引数组，并通过函数 print_r($OS) 进行输出。

在实际应用中，为了实现数据的灵活展示，通常使用 foreach 语句进行遍历输出。二维数组的遍历如例 4-9 所示。

【例 4-8】traverseTDArray.php。

```php
$users = array
(
    array('1', 'admin', '超级管理员', '455422@163.com'),
    array('2', 'zs', '管理员', '563524@qq.com'),
    array('3', 'xm', '普通用户', '785744@126.com'),
);

foreach($users as $row)
```

```
{
    foreach($row as $v)
    {
        echo $v.' ';
    }
    echo '<br>';
}
```

程序运行结果如图4-10所示。

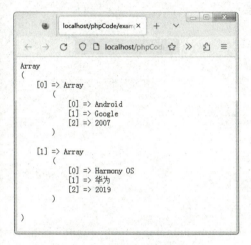

图4-9 二维数组的创建

图4-10 二维数组的遍历

以上代码中，定义了一个二维数组保存了三个用户的信息，通过双层foreach语句进行了格式化输出。外层foreach语句每次取出 $users 中的一个元素（即一行代表一个用户信息），赋值给 $row；内层foreach语句则逐个输出当前行用户的信息，赋值给 $v，然后进行格式化输出。

任务实施

① 利用array()函数定义二维数组goods来存储购物车商品信息，代码如下：

```
$goods = array(
    array('4-1 cx60.jpg','华为/HUAWEI 畅享60',1299,2,'8G+128G','冰晶蓝'),
    array('4-1 mate50.jpg','华为/HUAWEI P60',4488,3,'128G','羽砂黑'),
    array('4-1 nova.jpg','华为/HUAWEI nova 9z',1199,1,'8G+128G','亮黑色'),
    array('4-1 p60.jpg','华为/HUAWEI mate50',5289,1,'256G','曜金黑'),
);
```

② 用foreach语句遍历二维数组。第一层foreach语句打印表格行标记，计算当前行商品的总价；内层foreach语句循环打印单元格标记，并在单元格内显示商品的信息。代码如下：

```
$sum = 0;
// 第一层遍历二维数组，只能访问到每一行
```

操作视频

任务4.1 购物车显示

```php
foreach($goods as $item)
{
    echo "<tr>";
    // item作为一维数组，代表每一行
    for($i = 0; $i < count($item); $i++)
    {
        if($i == 0)
            echo "<td><img src='img/".$item[$i]."' alt=''></td>";
        else
            echo "<td>$item[$i]</td>";
    }
    $total = $item[2] * $item[3];
    $sum = $sum + $total;
    echo "<td>$total</td>";
    echo "</tr>";
}
```

③ 编写表格样式，代码如下：

```css
.tableRed
{
    width:100%;
    margin:0px auto;
    border-collapse:collapse;
}
.tableRed td
{
    background:white;
    text-align:center;
    padding:5px 15px;
    border:1px solid #dedede;
}
.tableRed th
{
    color:white;
    background:#b61d1d;
    font-weight:normal;
    text-align:center;
    line-height:40px;
    border:1px solid #dedede;
}
```

程序运行结果如图4-11所示。

项目 4 数组与函数

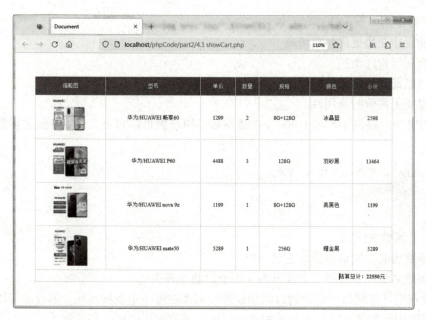

图 4-11 购物车信息显示

●●●● 任务 4.2 商品订单计算 ●●●●

任务描述

在网上商城中，商品的订单信息通常保存在二维数组中，订单信息包含商品数量、单价、折扣、满减信息等。通常要根据商品信息中的数据计算商品总价，最后计算订单总价。商品的基本信息见表 4-1。

表 4-1 商品信息

订单号	商品名称	数量	单价	折扣	满减	收货人
100120230001	60 GB U 盘	4	99	/	满 300 减 30	张三
100120230002	CPU	2	1 299	/	满 2 000 减 50	张三
100120230003	无线键盘鼠标	4	149	9.9	/	张三
100120230004	无线耳机	2	199	9.5	/	张三
100120230005	台式机电源	3	159	/	/	张三

接下来本节将使用自定义函数和字符串函数来实现商品订单总价的计算并显示所有订单信息。

知识储备

1. 函数的定义与调用

函数就是把完成特定功能的一段代码抽象出来，使之成为程序中的一个独立实体，取一个名字（函数名），可以在同一个程序或其他程序中多次重复使用（通过函数名调用）。

函数的主要作用如下：
① 使程序变得更简短而清晰。
② 有利于程序维护。
③ 可以提高程序开发的效率。
④ 提高了代码的复用性。

在PHP中，提供了超过1 000个内置函数。用户也可以自定义函数。定义函数的语法格式如下：

```
function 函数名([参数1, 参数2, …]){
    函数体
}
```

在定义函数应注意：
① 函数的名称应该提示出它的功能。
② 函数名称以字母或下划线开头（不能以数字开头）。

函数在定义完成后，必须通过调用才能使函数在程序中发挥作用。函数的调用非常简单，只需引用函数名，并传入相应的参数即可。函数调用的语法格式如下：

```
函数名([参数1, 参数2, …])
```

下面通过一个实例演示函数的定义与调用，代码如下：

```
function welcome()
{
    echo "admin,Welcome!";
}
welcome();
```

在上面的例子中，创建名为"welcome()"的函数。打开的花括号"{"指示函数代码的开始，而关闭的花括号"}"指示函数的结束。此函数输出"admin,Welcome!"。如需调用该函数，只要使用函数名即可。

2. 函数的返回值

一个函数可以返回一个值、一个引用或者一个常量引用。函数若需要返回值，可以通过return语句，若不需要返回值则可以不要return语句。上面的welcome()函数没有返回值，其实不能说没有返回值，确切地说，welcome()函数的返回值是None。返回值的示例如下：

```
//返回正常计算的数值
function add($a, $b)
{
    return $a + $b;
}
```

在上面的例子中，函数add()返回变量$a和$b的和。函数返回的值在函数结束时，其值所占有的空间就会被释放。

需要强调的是，一个函数中可以有多个return语句，但并不是所有的return语句都起作用。执行到哪个 return 语句,就是哪个 return 语句起作用,该 return 语句后的其他语句就都不会执行了。示例如下:

```php
function maximum($a, $b)
{
    if($a > $b)
        return $a;
    else
        return $b;
    echo $a;                    // 该语句不会执行
}
```

以上的 maximum($a,$b) 函数有多个 return 语句,但程序只会执行一个 return 语句。return 后面的 "echo $a" 不会执行。一般一个函数只有一个返回值,若有多个返回值,可以通过数组或对象的形式返回。

3. 函数的参数

为了给函数添加更多的功能,我们可以添加参数。参数类似变量,在函数名称后面的一个括号内指定。在函数定义时的参数只有名称,没有具体值,称为形参;在调用函数时需要传递具体的值,此时的参数称为实参。

在 PHP 中,实参个数必须大于形参。下面通过一个实例来演示 PHP 的参数使用,代码如下:

```php
function add($a, $b)                // 定义函数
{
    return $a + $b;
}
echo add(10, 20);                   // 正常调用
echo add(10, 20, 30, 20);           // 正常调用,自动忽略后面多余的实参
echo add(10);                       // 报错
```

当不确定传递参数的个数,可以通过函数 func_get_args() 获取所有的参数。func_get_args() 函数以数组的形式返回所有的参数。可变参数的函数案例如例 4-9 所示。

【例 4-9】variableParameters.php。

```php
function add()                              // 定义函数
{
    $arr = func_get_args();                 // 接收所有的参数
    var_dump($arr);                         // 打印所有参数
    echo '<br>';
    $sum = 0;
    foreach($arr as $value)                 // 循环计算所有参数的和
    {
        $sum += $value;
    }
    return $sum;                            // 返回所有参数的和
}
echo add(10, 20, 30, 60, 70);               // 调用函数
```

程序运行结果如图4-12所示。

以上案例代码中，编写了一个添加函数，通过func_get_args()接收所有的参数，然后通过foreach语句计算所有参数的和，最后调用函数，传递五个参数，计算所有参数的和并输出。

4. 递归函数

递归调用是函数嵌套调用中一种特殊的调用。递归调用是指函数在其函数体内调用自身的过程。使用递归调用方式的函数被称为递归函数。下面通过斐波那契数列的打印来演示函数的递归调用。

斐波那契数列为1,1,2,3,5,8,13...。定义函数fab(n)，fab(1)为1，fab(2)为1，之后的每一项都是前两项的和，求fab(n)的值。递归函数的案例如例4-10所示。

【例4-10】Fibonacci.php。

```php
function fab($n)
{
    if($n == 1 || $n == 2)
        return 1;
    else
        return fab($n - 2) + fab($n - 1);        // 递归调用
}
echo fab(5);
```

程序运行结果如图4-13所示。

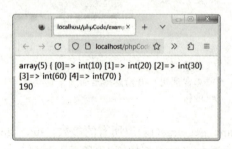

图 4-12　可变参数函数

图 4-13　打印斐波那契数列

以上的递归函数fab()的执行流程如下：

① 计算fab(5)，返回fab(4)+ fab(3)。
② 计算fab(4)，返回fab(3)+ fab(2)。
③ 计算fab(3)，返回fab(2)+ fab(1)。
④ 计算fab(2)，返回1。
⑤ 计算fab(1)，返回1。

每次调用$n的值会递减。当$n的值为1时，返回1并将递归函数的返回值依次返回。

5. 变量的作用域

作用域是指在一个脚本中某个变量可以使用或可见的范围。PHP变量在第一次赋值时相当于声明了变量，在不同位置声明的变量，其作用也不同。变量必须在自己的有效范围内使用，按照变量作用域（有效范围）可以将变量分为局部变量、全局变量和静态变量三种。

项目 4　数组与函数

（1）局部变量

局部变量是在函数内声明的变量，其作用域仅限于函数内部。函数的参数是局部变量，函数的参数值来自被调用时传入的值。执行完毕后，函数内部的动态变量都将被释放。局部变量的案例如例4-11所示。

【例4-11】localVariable.php

```php
// 计算$a的$b次幂
function calPower($a, $b)
{
    $num = 1;
    for($i = $b; $i > 0; $i--)
    {
        $num = $num * $a;
    }
    return $num;
}
echo calPower(10, 3);    // 输出一个1~100的随机数
echo $a;                 // 错误，函数的参数为局部变量
echo $b;                 // 错误，函数的参数为局部变量
echo $num;               // 错误，函数内部定义的变量为局部变量
```

程序运行结果如图4-14所示。

以上代码定义一个函数calPower()计算$a的$b次幂，从图4-14的运行结果来看，变量$a和$b、函数内部定义的变量$sum都是局部变量，在函数外面不能访问。

（2）全局变量

在函数外定义的变量称为全局变量，作用域从定义变量开始到本程序文件的末尾。但在函数中无法直接调用全局变量，需要使用关键字global，也可以使用超全局变量$GLOBALS来代替global。全局变量的案例如例4-12所示。

【例4-12】globalVariable.php。

```php
$discount = 0.8;                                              // 定义全局变
$goods = array('name' => '香蕉','num' => 3,'price' => 3.5);
                                                              // 定义全局变
function calculate($goodsInfo)
{
    // global $discount;       // 方式一：使用global引用全局变量
    // return $goodsInfo['num'] * $goodsInfo['price'] *$discount;
    // 方式二：使用$GLOBALS超全局变量访问全局变量
    return $goodsInfo['num'] * $goodsInfo['price'] *$GLOBALS['discount'];
}
echo $goods['name']."的总价为：".calculate($goods);
```

程序的运行结果如图4-15所示。

> **小提示：**
> 在 PHP 中，全局变量的作用域和其他编程语言（如 C、Java、C#）不同，函数里无法直接使用全局变量，但可以通过 $GLOBALS 或 global 关键字来引用全局变量。

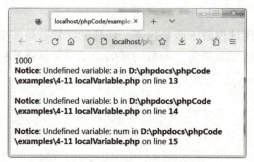

图 4-14　局部变量

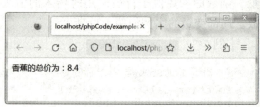

图 4-15　全局变量

以上代码中，定义了全局变量 $discount、$goods。函数内部要使用全局变量，可以通过参数传递，也可以通过 $GLOBALS 或 global 关键字来引用。

（3）静态变量

静态变量仅在局部函数域中存在，但当程序执行离开此作用域时，其值仍然保留。静态变量用 static 来声明，未使用 static 声明的变量默认是动态变量。在函数执行完之后，内部的静态变量仍然保存在内存中，第一次调用该函数时被初始化。动态变量和静态变量的区别如例 4-13 所示。

【例 4-13】staticVariable.php。

```php
function connect()
{
    static $count = 0;      // 定义静态变量
    $num = 0;               // 定义普通变量
    $count++;
    $num++;
    echo "第".$count."次调用connect函数<br>";
    echo "num的值为".$num."<hr>";
}
connect();
connect();
connect();
```

程序运行结果如图 4-16 所示。

从运行结果来看，静态变量 $count 在第一次调用该函数时被初始化后，在脚本运行期间一直保存在内存中，因此第二次调用则直接使用原来的值，并执行"++"操作。函数无论被调用多少次，动态变量 $num 每次都会重新赋值，因此每次的值都是 1。

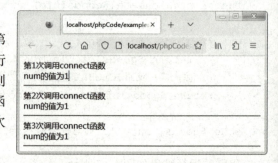

图 4-16　静态变量

6. 字符串函数

字符串函数是 PHP 的内置函数，用于操作字符串，在实际开发中有着非常重要的作用。PHP 内置了 98 个字符串函数。常见的字符串函数及功能描述见表4-2。

表4-2 常见字符串函数及功能描述

函数名称	功能描述
strlen()	获取字符串的长度
strpos()	查找字符串首次出现的位置
strrpos()	获取指定字符串在目标字符串中最后一次出现的位置
str_replace()	用于字符串中的某些字符进行替换操作
substr()	用于获取字符串中的子串
explode()	使用一个字符串分割另一个字符串
implode()	用指定的连接符将数组拼接成一个字符串
trim()	去除字符串首尾处的空白字符（或指定成其他字符）
str_repeat()	重复一个字符串
strcmp()	用于判断两个字符串的大小

接下来介绍常用的几个字符串函数。

（1）strlen()函数

strlen()函数用于获取字符串的长度。

```
echo strlen('abc');              // 输出结果：3
echo strlen('我是中国人');        // 输出结果：15
echo strlen('P H P');            // 输出结果：5
```

- strlen()函数的返回值类型是int整型。
- 一个英文字符一个空格的长度均为1。
- 一个中文字符的长度为3。

（2）strrpos()函数

strrpos()函数用于获取指定字符串在目标字符串中最后一次出现的位置，其中，目标字符串中第1个字符的位置从0开始。

```
echo strrpos('itcast','a');       // 输出结果：3
echo strrpos('itcast','c',2);     // 输出结果：2
echo strrpos('itcast','t',-4);    // 输出结果：1
```

- 第一个参数是目标字符串。
- 第二个参数是指定字符串。
- 第三个参数是字符串开始查找的位置，它有三种情况，具体如下：
  - 省略第三个参数时，表示从目标字符串的第0个位置开始向后查找指定字符串。
  - 第三个参数为正数 n 时，表示从目标字符串的第 n 个位置开始向后查找指定字符串。
  - 第三个参数为负数 m 时，表示从目标字符串的尾部第 m 个位置开始向前查找指定字符串。

（3）substr()函数

substr()函数用于获取字符串中的子串，返回值类型是字符串型，共有三个参数。参数说明如下：
- substr()函数的第一个参数表示待处理的字符串。
- substr()函数的第二个参数表示字符串开始截取的位置，当它为负数 m 时，表示从待处理字符串的结尾处向前数第 m 个字符开始。
- substr()函数的第三个参数表示截取字符串的长度，当其省略时，表示截取到字符串的结尾，当其为负数 m 时，表示从截取后的字符串的末尾处去掉 m 个字符。

以获取文件路径中的路径和文件名为例，代码如例4-14所示。

【例4-14】substr.php。

```php
$url = 'D:\htdocs\myweb\img\head.jpg';
$pos = strrpos($url, '\\');
// 截取文件名称，输出结果为head.jpg
echo substr($url, $pos + 1).'<br>';
// 截取文件所在的路径，输出结果为D:\htdocs\myweb\img
echo substr($url, 0, $pos);
```

程序运行结果如图4-17所示。

以上代码通过strrpos()函数获取最后一次出现"\"的位置，substr($url, $pos+1)省略了第三个参数，表示截取"$pos+1"之后的所有字符，从而获取文件名。substr($url, 0, $pos)表示从0开始截取，截取长度为"$pos"，因此返回文件所在路径。

图4-17　字符串截取

（4）str_replace()函数

str_replace()函数用于字符串中的某些字符进行替换操作。该函数共有四个参数。参数说明如下：
- str_replace()函数的第一个参数表示查找的目标字符串。
- str_replace()函数的第二参数表示替换字符串。
- str_replace()函数的第三个参数表示执行替换的原字符串。
- str_replace()函数的第四个参数是一个可选的参数，用于保存字符串被替换的次数。

在某在线抽奖程序中，为了保证用户的隐私，出现的手机号一般使用"*"将第4~7位的数字进行覆盖，案例代码如例4-15所示。

【例4-15】substr.php。

```php
$tel = '13612346666';              // 随意输入一串数字作为手机号
$newStr = str_repeat('*', 4);       // 产生替换成的字符串
$oldStr = substr($tel, 3, 4);       // 获取被替换的字符串
$new_tel = str_replace($oldStr, $newStr, $tel);
echo $new_tel;
```

程序运行结果如图4-18所示。

在以上案例代码中，使用str_repeat('*',4)函数产生将要替换成的字符"****"，使用"substr($tel,3,4)"截取要替换的字符串，从第4个开始，截取4位，获得的字符串为

"1234",然后使用"str_replace($oldStr $new_str, ,$tel)"将截取的字符串替换成"****"。

（5）explode()函数

explode()函数可以使用一个字符串分割另一个字符串，并返回由字符串组成的数组。该函数共有三个参数。参数说明如下：

- 第一个参数表示分隔符。
- 第二个参数表示要分割的字符串。
- 第三个参数是可选的，表示返回的数组中最多包含的元素个数，当其为负数 m 时，表示返回除了最后的 m 个元素外的所有元素，当其为0时，则把它当作1处理。

explode()函数的运用如例4-16所示。

【例4-16】explode.php。

```
$skills = "PHP/JAVA/C++/Python";        // 待分割的字符串
$arrSkills = explode('/', $skills);      // 以'/'将字符串分割成数组
foreach($arrSkills as $v)                // 变量数组打印多选框组
    echo "<input type='checkbox' value='$v' name='skills'>".$v;
```

程序运行结果如图4-19所示。

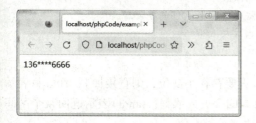

图4-18　字符串替换

图4-19　字符串分割

以上程序代码中，使用"/"对字符串 $skills 进行分割，返回一个数组，然后循环遍历数组，打印复选框。

（6）implode()函数

implode()函数用于指定的连接符将数组拼接成一个字符串，返回一个字符串。该函数共有两个参数。参数说明如下：

- implode()函数的第一个参数表示连接符。
- implode()函数的第二个参数表示待处理的数组。

```
$arr = array('admin', 'mail', 'zhangsan'); // 定义一个数组
echo implode('_', $arr);                    // 输出结果为admin_mail_zhangsan
```

7．数学函数

数学函数也是PHP提供的内置函数，极大地方便了开发人员处理程序中的数学运算。PHP中常用的数学函数见表4-3。

表4-3　常用的数学函数

函数名称	功能描述	函数名称	功能描述
abs()	绝对值	fmod()	返回除法的浮点数余数
pi()	返回圆周率的值	sqrt()	返回一个数的平方根

续表

函数名称	功能描述	函数名称	功能描述
ceil()	向上取最接近的整数	is_nan()	判断是否为合法数值
floor()	向下取最接近的整数	round()	对浮点数进行四舍五入
pow()	返回x的y次方	max()	返回最大值
min()	返回最小值	rand()	返回随机整数

各函数的示例代码及运行结果如下：

```
echo abs(-10.5);                    // 输出结果：10.5
echo ceil(5.1);                     // 向上取整输出结果：6
echo floor(9.8);                    // 向下取整输出结果：9
echo round(8.4);                    // 四舍五入，输出结果：8
echo fmod(10, 3);                   // 求余数，输出结果：1
echo var_dump(is_nan('12'));        // 输出结果：bool(false)
echo pi();                          // 输出结果：3.1415926535898
echo pow(3, 2);                     // 输出结果：9
echo sqrt(16);                      // 输出结果：4
echo rand(1, 100);                  // 随机输出1到100间的整数
echo max(10, 87, 46, 3, 5);         // 输出最大值87
echo min(10, 87, 46, 3, 5);         // 输出最小值3
```

在上述示例代码中，ceil()表示向上取整，只要存在小数位，则直接加1；floor()表示向下取整，直接去掉小数位进行取整；round()为四舍五入取整；rand()表示返回某个区间的随机数，第一个参数表示最小值，第二个参数表示最大值。

🎯 任务实施

① 使用二维数组存储商品订单信息，代码如下：

```
$goods = array(
    array('id' => '100120230001', 'name' => '60GBU盘', 'num' => 4,
'price' => 99, 'discount'=>'/', 'preferential'=>'满300减30','user'=>'张三'),
    ...
);
```

② 编写满减计算函数fullReduce()，第一个参数$total为订单总价，第二个参数$preferential为满减优惠信息，代码如下：

```
function fullReduce($total, $preferential)
{
    // 使用字符串函数提取满减信息
    $pos = strrpos($preferential, '减');        // 获取字符串减的位置
    $reduce = substr($preferential, $pos + 3);  // 获取减之后的优惠数据
    $full = substr($preferential, 3, $pos - 3); // 提取满之后的数据
    if($total > $full)                          // 达到满减条件，则进行优惠
        $total = $total - $reduce;
```

操作视频

任务4.2 商品订单计算

```
        return $total;
}
```

在以上代码中,使用strrpos()函数获取"减"所在的位置"$pos";使用substr()函数获取"减"后面的数据$reduce,因为汉字占三个字节,因此substr()函数的第二个参数为"$pos+3";使用"substr($preferential,3,$pos-3)"提取"满"之后的数据,因为汉字占三个字节,因此第二个参数"3"表示提取数字的起始位置,第三参数"$pos-3"表示数字的长度。

③ 编写订单计算函数CalculateOrders(),参数为$goodsInfo是一个一维数组,表示订单信息,代码如下:

```
function CalculateOrders($goodsInfo)
{
    $total = $goodsInfo['num'] * $goodsInfo['price'];    //计算商品总价
    if($goodsInfo['discount'] != '/')
        $total = $total * $goodsInfo['discount'] / 10;   //若商品有折扣则
                                                         乘以折扣信息
    if($goodsInfo['preferential'] != '/')       //若商品有满减则提取满减
                                                信息进行计算
    {
        $total = fullReduce($total, $goodsInfo['preferential']);
                                                // 嵌套调用满减函数
    }
    return $total;
}
```

以上代码首先根据商品数量和单价计算出商品的总价,然后判断是否有折扣。若有折扣则进行折扣计算;若该订单有满减信息,则调用满减计算函数fullReduce()计算优惠后的总价,然后返回订单总价。

④ 编写订单显示函数displayOrder(),参数为商品订单信息$goods,是一个二维数组,代码如下:

```
function displayOrder($goods)
{
    foreach($goods as $item){
        echo "<tr>";
        // item为一维数组,代表每一行,即一条订单信息
        foreach($item as $value)
        {
            echo "<td>$value</td>";
        }
        $total = CalculateOrders($item);    // 调用CalculateOrders函数计算
                                            订单总价
        echo "<td class='red-b'>$total</td>";
        echo "</tr>";
    }
}
```

⑤ 调用订单显示函数displayOrder()，传入商品订单信息$goods，显示商品订单，代码如下：

```
displayOrder($goods);                          // 调用函数完成订单信息的显示
```

程序运行结果如图4-20所示。

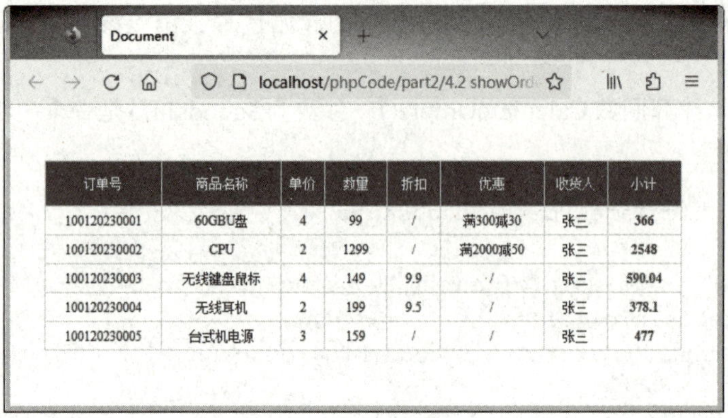

订单号	商品名称	单价	数量	折扣	优惠	收货人	小计
100120230001	60GBU盘	4	99	/	满300减30	张三	366
100120230002	CPU	2	1299	/	满2000减50	张三	2548
100120230003	无线键盘鼠标	4	149	9.9	/	张三	590.04
100120230004	无线耳机	2	199	9.5	/	张三	378.1
100120230005	台式机电源	3	159	/	/	张三	477

图4-20　商品订单计算

任务4.3　随机抽奖

任务描述

某企业举办一次抽奖活动，共有100人参加，需要从100人中随机抽出一等奖1名，二等奖2名，三等奖3名。

接下来将使用数组函数和数组的相关知识来设计一个随机抽奖程序。

知识储备

1. 基本数组函数

在PHP中，有以下几个基本数组函数。

（1）count()函数

count()函数用于计算数组中元素的个数，共有两个参数，参数说明如下：

- count()函数的第二个参数默认为0时，只计算一维数组的个数。
- count()函数的第二个参数设为1时，表示递归地对数组计数。

示例代码如下：

```
$stu = array(
    array('Zhoul', '男', 18),
    array('LiL', 'female', 15),
    array('zhangZ', 'female', 14)
);
```

```
echo count($stu);          // 输出结果：3
echo count($stu, 1);       // 输出结果：12
```

（2）range()函数

range()函数用于建立一个包含指定范围单元的数组。示例代码如下：

```
$arr = range('a', 'f');
print_r($arr);
```

运行结果为：

```
Array([0] => a [1] => b [2] => c [3] => d [4] => e [5] => f)
```

（3）array_merge()函数

array_merge() 函数用于把一个或多个数组合并为一个数组，可以向函数输入一个或者多个数组。

如果两个或更多个数组元素有相同的键名，则最后的元素会覆盖其他元素。

如果仅向 array_merge() 函数输入一个数组，且键名是整数，则该函数将返回带有整数键名的新数组，其键名以 0 开始进行重新索引。

示例代码如下：

```
$a1 = array("a" => "red","b" => "green");
$a2 = array("c" => "blue","b" => "yellow");
print_r(array_merge($a1, $a2));
```

程序运行结果为：

```
Array([a] => red [b] => yellow [c] => blue)
```

（4）array_chunk()函数

array_chunk()函数可以将一个数组分割成多个，共有三个参数，参数说明如下：

- 第一个参数表示待分割数组。
- 第二个参数用于指定分割后数组中元素的个数，最后一个数组的元素个数可能会小于指定个数。
- 第三个参数在默认或设为 false 的情况下，表示分割后数组的下标从 0 开始；当设为 true 时，表示保留待分割数组中原来的键名。

示例代码如下：

```
$arr = array('one'=>1, 'two'=>2, 'three'=>3);
echo '<pre>';              // 格式化输出数组
print_r(array_chunk($arr, 2));
print_r(array_chunk($arr, 2, true));
echo '</pre>';
```

```
Array
(
    [0] => Array
        (
            [0] => 1
            [1] => 2
        )
    [1] => Array
        (
            [0] => 3
        )
)
Array
(
    [0] => Array
        (
            [one] => 1
            [two] => 2
        )
    [1] => Array
        (
            [three] => 3
        )
)
```

运行结果如图 4-21 所示。

图 4-21　数组分割

2. 数组排序函数

通常情况下，若要对数组进行排序，则需要遍历数组，并对数组中的元素进行比较。实际上，在 PHP 中提供了许多用于排序的数组函数，方便程序开发。常见的数组排序函数见表 4-4。

表 4-4　常见的数组排序函数

函 数 名	功能描述	备　注
sort()	对数组升序排序	更新原数组，键全部变成索引，返回值为 bool 类型
rsort()	对数组降序排序	更新原数组，键全部变成索引，返回值为 bool 类型
ksort()	对数组按照键名升序排序	更新原数组，保持键值对关系，返回值为 bool 类型
krsort()	对数组按照键名降序排序	更新原数组，保持键值对关系，返回值为 bool 类型
asort()	对数组进行升序排序并保持索引关系	更新原数组，保持键值对关系，返回值为 bool 类型
arsort()	对数组进行降序排序并保持索引关系	更新原数组，保持键值对关系，返回值为 bool 类型
shuffle()	打乱数组顺序	更新原数组，键全部变成索引，返回值为 bool 类型
array_reverse()	返回一个单元顺序相反的数组	不更新原数组，保持键值对关系，返回新数组

使用各函数对同一数组进行排序对比，代码如例 4-17 所示。

【例 4-17】sort.php。

```
$arr = array('five'=>5,'one'=>1,'three'=>3,4=>4,"six"=>6,'two'=>2);
echo "原数组：";
print_r($arr);
/* sort排序 */
$b = $arr;
sort($b);
echo "<br>sort排序后：";
print_r($b);
/* asort排序 */
$b = $arr;
rsort($b);
echo "<br>rsort排序后：";
print_r($b);
/* ksort排序 */
$b = $arr;
ksort($b);
echo "<br>ksort排序后：";
print_r($b);
/* krsort排序 */
$b = $arr;
krsort($b);
echo "<br>krsort排序后：";
print_r($b);
/* asort排序 */
```

```php
$b = $arr;
asort($b);
echo "<br>asort排序后：";
print_r($b);
/* arsort排序 */
$b = $arr;
arsort($b);
echo "<br>arsort排序后：";
print_r($b);
/* shuffle排序 */
$b = $arr;
shuffle($b);
echo "<br>shuffle排序后：";
print_r($b);
/* array_reverse排序 */
$newArr = array_reverse($arr);      // array_reverse()函数不改变原数组
echo "<br>array_reverse排序后：";
print_r($newArr);
```

程序运行结果如图4-22所示。

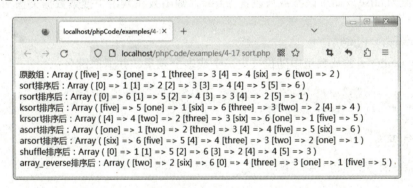

图 4-22　数组排序函数对比

从以上运行结果可以看出，除了array_reverse()函数外，其他函数都会更新原数组，函数sort()、rsort()、shuffle()排序后不保存数组元素的键值对关系，把数组变成索引数组。

3. 数组检索函数

在程序开发过程中，经常需要对数组中的键、值进行查找、获取等操作。为此，PHP提供了数组检索函数。常见的数组检索函数见表4-5。

表 4-5　数组检索函数

函 数 名	功 能 描 述
array_search()	在数组中搜索给定的值
array_unique()	移除数组中重复的值

续表

函 数 名	功 能 描 述
array_column()	返回数组中指定的一列
array_keys()	返回数组中键名
array_rand()	从数组中随机取出一个或多个单元
key()	从关联数组中取得键名
in_array()	检查数组中是否存在某个值
array_values()	返回数组中所有的值

(1) array_search()函数

array_search()函数在数组中搜索某个键值,并返回对应的键名。

```
$a = array("a" => "red", "b" => "green", "c" => "blue");
echo array_search("red", $a);
```

运行结果为:

```
a
```

第一个参数为在数组中搜索的值;第二个参数为被搜索的数组;第三个参数为可选参数,默认值为false,如果该参数被设置为true,则函数在数组中搜索数据类型和值都一致的元素。

(2) array_rand()函数

array_rand()函数从数组中随机选出一个或多个元素,并返回键名。

```
$a = array("a" => "Dog", "b" => "Cat", "c" => "Horse");
print_r(array_rand($a, 1));
```

运行结果为:

```
Array([0] => a[1] => c)
```

第一个参数为被搜索的数组;第二个参数用来确定要选出几个元素。如果选出的元素只有一个,返回该元素的键名,如果指定array_rand()函数选取的元素个数大于1,将取得原数组的key(注意是key),并放在一个新的索引数组中。

(3) in_array()函数

in_array()函数用来判断一个值是否在数组中,若存在则返回true,否则返回false。

```
$goods = array("name" => "apple", "price" => "5.89", "addr" => "ShanDong");
var_dump(in_array(5.89, $goods));        // 返回true
var_dump(in_array(5.89, $goods, true));  // 返回false
```

运行结果为:

```
bool(true)    bool(false)
```

第一个参数为在数组中需要查找的值;第二个参数为被查询的数组;第三个参数为可

选参数,默认值为false,此时只会进行弱类型比较,不会检查数据类型。如果该参数被设置为true,则函数在数组中查找数据类型和值都一致的元素。

任务实施

操作视频

任务4.3 随机抽奖

① 新建页面4.3 winner.php,设置body、div和span、h4等标签的样式,代码如下:

```
*{margin: 0;padding: 0;}
body
{
    background: #991200;
    font-size: 16px;
}
h4
{
    color: #f3cf33;
    font-weight: bold;
    line-height: 30px;
}
span{line-height: 30px;}
div{
    padding: 20px;
    width: 60%;
    background-color: rgba(255, 255, 255, 0.4);
    margin: 50px auto;
    text-align: center;
    border-radius: 5px;
    -moz-border-radius: 5px;
}
```

② 按照需求人数使用range()函数产生100个候选号码,并使用shuffle()函数打乱号码的顺序,代码如下:

```
// 产生1~100个数字的数组
$number = range(1, 100);
shuffle($number);        // 打乱号码顺序
```

③ 编写抽奖函数winner($num)。$num为中奖号码个数,代码如下:

```
function winner($num)
{
    global $number;       // 使用global引用外部的全局变量
    $key_nums = array_rand($number, $num);  // 随机获得中奖号码的键
    if($num == 1)         // 若随机取一个,则返回的$key_nums为一个数字
    {
        echo "<span>$number[$key_nums]</span>  ";
        unset($number[$key_nums]);           // 已中奖号码从数组中删除
    }
```

```
        else{
            foreach($key_nums as $v)           // 根据键读取对应的值并显示
            {
                echo "<span>$number[$v]</span>  ";
                unset($number[$v]);             // 已中奖号码从数组中删除
            }
        }
    }
```

以上的函数代码中，使用global引用外部的全局变量$number，使用array_rand()函数随机选取抽$number个号码，返回该号码的键$key_nums。若$number等于1，则返回的$key_nums是一个数字，直接从$number数组中读取对应的值进行输出；否则返回的$key_nums是一个数组，需要使用foreach进行遍历，然后从$number数组中读取对应的值进行输出。

④ 在网页body中调用winner()函数，分别传入参数1,2,3，产生一等奖1名，二等奖2名，三等奖3名，部分代码如下：

```
<h4>一等奖</h4>
<?php winner(1); ?>
<h4>二等奖</h4>
<?php winner(2); ?>
<h4>三等奖</h4>
<?php winner(3); ?>
```

程序运行结果如图4-23所示。

图4-23 数组排序函数对比

素养园地

2019年8月9日，华为公司正式推出了鸿蒙系统，这是一款全场景分布式操作系统，具有按需扩展、实现广泛系统安全的特点，主要应用于物联网领域，并以低时延为显著优势。鸿蒙系统的诞生与发展，不仅标志着我国在自研操作系统领域取得了重大突破，更彰显了我国科技自立自强的决心和实力。

国人当自强。鸿蒙操作系统的推广和普及，对我国通信业具有划时代意义。这一成就的背后，是无数科技工作者的辛勤付出和不懈努力，更是我国科技自立自强精神的生动体现。

●●● 自我测评 ●●●

一、填空题

1. 数组分为索引数组和_____。
2. 现有数组$arr=array(1,2,array('1','2'))，则count($arr,1)的返回值是_____。
3. 将一个数组分割成多个数组的函数是_____。
4. 定义函数使用的关键字为_____。
5. 用于对字符串中的某字符进行替换操作的函数是_____。
6. 使用_____函数可以获取字符串的长度。
7. substr('abc.jpg',1,3)的返回值是_____。
8. strrpos('Welcome to learning PHP,'e')的返回值是_____。

二、判断题

1. 在数组中，元素的值是唯一的。 （   ）
2. sort()函数在默认情况下，按照数组中元素的类型从低到高进行排序。 （   ）
3. 使用shuffle()函数可以打乱数组元素的顺序。 （   ）
4. PHP中定义数组时，不需要指定数组的大小。 （   ）
5. explode()函数用指定的连接符将数组拼接成字符串。 （   ）
6. PHP提供的内置数学函数可方便地处理程序中的数学运算。 （   ）
7. 为函数设置参数时，默认参数和必选参数的位置没有限制，可以随意设置。 （   ）
8. 函数调用时，函数的名称可以使用一个变量来代替。 （   ）
9. 在PHP中，定义函数时可以没有返回值。 （   ）
10. 一个函数有时可以返回多个数据。 （   ）

三、选择题

1. 下列函数中，可以将数组中各个元素连接成字符串的是（   ）。（单选）
　　A. implode()　　　　B. explode()　　　　C. str_repeat()　　　　D. str_pad()
2. 下列函数中，可以对数组按照键名逆向排序的是（   ）。（单选）
　　A. sort()　　　　　B. asort()　　　　　C. ksort()　　　　　D. krsort()
3. 下列函数中，能够检查数组中是否存在某个值的是（   ）。（单选）
　　A. array_search()　　　　　　　　B. in_array()
　　C. array_key()　　　　　　　　　D. array_exists()
4. 下列定义数组的方法中，错误的是（   ）。（单选）
　　A. array(1, 2)
　　B. arr[1]='hello'

C. arr['name']='admin'

D. array['name'=>'zhangsan','age'=>20]

5. 下列关键字中，用于设置函数返回值的是（　　）。（单选）

　　A. continue　　　　B. break　　　　C. exit　　　　D. return

6. 实现向下取整的函数是（　　）。（单选）

　　A. ceil()　　　　B. floor()　　　　C. min()　　　　D. max()

7. 若在函数内访问函数外定义的变量，需要使用（　　）关键字。（多选）

　　A. public　　　　　　　　　　　　B. var

　　C. global　　　　　　　　　　　　D. $GLOBALS

8. 下面关于字符串函数的说法中，正确的是（　　）。（单选）

　　A. trim()可以对字符串进行拼接

　　B. str_replace()可以生成重复字符串

　　C. substr()可以截取字符串

　　D. strlen()可以准确取中文字符串长度

四、简答题

1. 请列举常用的数组排序的方法，并简要说明每个算法的排序原理。

2. 请列举五个常用的数组检索函数。

3. 请至少列举五个常用的字符串函数。

4. 请列举五个常用的数学函数。

项目 5 面向对象

类的基本概念

类的成员

构造函数与析构函数

封装

继承

多态

魔术方法

抽象类

接口

课前学习工作页

扫一扫侧边栏中的二维码，观看相关视频，完成下面的题目。

1. 简答题

① 类中有哪些成员？成员的修饰符有哪些？
② 面向对象的三大特性是什么？
③ 请简述类与对象的关系。

2. 选择题

① 下列关于面向对象编程的说法中，正确的是（　　）。（单选）
    A. 编程更快   B. 代码量减少
    C. 可维护性更高   D. 设计起来更麻烦

② 下列关于面向对象编程的说法中，不正确的是（　　）。（单选）
    A. 面向对象的本质是以建立模型体现出来的抽象思维过程和面向对象的方法
    B. 模型是用来反映现实世界中事物特征的
    C. 通过建立模型而达到的抽象是人们对客体认识的深化
    D. 面向对象设计方法以过程为基础

③ 下列说法中，错误的是（　　）。（单选）
    A. private 定义的属性不能通过对象访问
    B. protected 定义的属性不能通过对象访问
    C. public 定义的属性不能通过对象访问
    D. public 定义的方法可以通过对象访问

④ 面向对象的三大特性中，不属于封装做法的是（　　）。（单选）
    A. 将成员变为私有的   B. 将成员变为公有的
    C. 封装方法来操作成员   D. 使用 __get() 和 __set() 方法来操作成员

⑤ 下列选项中，不属于面向对象三大特性的是（　　）。（单选）
    A. 封装   B. 重载   C. 继承   D. 多态

课堂学习任务

面向对象编程（object oriented programming，OOP）是一种编程思想。在很多现代编程语言中都有面向对象编程的概念。面向对象编程的思想就是把具有相似特性的事物抽象成类，通过对类的属性和方法的定义实现代码共用。将实现某一特定功能的代码部分进行封装，这样可被多处调用，而且封装的粒度越细小被重用的概率越大。

而面向对象编程的继承性和多态性也提高了代码的重用率。总之，面向对象编程充分体现了软件编程中的"高内聚，低耦合"的思想。PHP 之所以能够成为 Web 开发领域的主流语言，对面向对象开发模式的支持也是重要原因之一。

本项目将详细讲解面向对象的概念、类与对象的关系、类的定义与运用、面向对象的三大特性、抽象类与接口等知识点，设置了以下任务：

任务 5.1　Book 类的创建
任务 5.2　User 类的创建
任务 5.3　抽象类与接口

学习目标

知识目标	理解面向对象的概念，类与对象的关系。 学习如何在 PHP 中定义类，并掌握类的创建和使用。 理解类的属性和方法的定义，掌握如何访问和操作类的成员。 理解构造函数和析构函数的作用及其使用场景，掌握如何在类中定义和调用这两个特殊方法。 深入理解封装、继承和多态的概念及其在实际编程中的应用。 理解抽象类和接口的区别及用途。 掌握常见的魔术方法
能力目标	能够灵活定义和使用类及对象，通过面向对象的方式组织和管理代码。 能够独立编写具有封装、继承和多态特性的程序，提升代码的可维护性和扩展性。 能够运用构造函数和析构函数进行资源管理，确保对象生命周期内的正确性。 能够运用抽象类和接口设计灵活的系统架构，实现高内聚低耦合的代码结构。 能够使用魔术方法实现特定功能，提升代码的灵活性和可读性
素质目标	培养面向对象的编程思维，增强设计模式的理解和应用能力。 提升解决复杂问题的能力，通过抽象和接口设计简化代码结构。 强化团队协作能力，鼓励代码评审和分享，提升团队整体编程水平。 培养终身学习的意识，拓宽技术视野。 强化代码的规范性和可读性，培养良好的编程习惯和团队文化

任务 5.1　Book 类的创建

任务描述

在图书管理系统中，需要创建 Book 类，管理书本的基本信息，并实现书本信息的展示、借书、还书的操作。

接下来通过 PHP 面向对象相关知识的学习，来完成 Book 类的创建。

知识储备

1. 面向对象编程介绍

PHP 与 C++、Java 类似，都可以采用面向对象的方式设计程序，但 PHP 并不是真正的面向对象语言，而是一种混合型语言，可以使用面向对象的方法去设计程序，也可以使用传统的过程化思想编程。对于多人合作开发的大型项目来讲，可以在PHP中使用纯的面向对象的思想设计完成，也可以采用目前比较主流的PHP框架技术（如Laravel、ThinkPHP）去开发完成。

面向对象的编程（object-oriented programming, OOP）是一种计算机编程架构。这种编程架构使编程的代码更简洁，更易于维护，并且具有更强的可重用性，因为在这种架构下编写的程序是由单个能够起到子程序作用的"对象"组合而成的，每个对象都能够接收信息、处理数据，并能向其他的对象发送信息。

下面通过一个例子来说明采用面向对象方式完成一个具体任务的过程。以"用洗衣机洗衣服"这项工作为例。

```
// 面向对象的方式
洗衣机 -> 打开盖子();
洗衣机 -> 放入(衣服对象); 洗衣机 -> 设置洗衣模式和时间(); 洗衣机 -> 开始工作();
```

如果采用面向过程的方式完成上述任务，会采用如下流程实现：

```
// 面向过程的方式
打开洗衣机的盖子();
将衣服放入洗机(); 设置洗衣机的洗衣模式和时间();
洗衣机开始工作();
```

在面向过程的方式中，开发者关心的是完成任务所经历的每个步骤，将这些步骤定义为函数，依次调用来完成任务。而在面向对象的方式中，开发者关心任务中涉及的对象，即洗衣机对象和衣服对象。通过调用对象的方法解决问题。通常一个应用程序中可能包含多个对象，有时需要多个对象互相配合来实现应用程序的功能。

在面向对象编程中，经常会谈到两个概念，就是类与对象。类与对象之间的关系就像模具与铸件之间的关系一样，类的实例化结果就是对象，而对象的抽象就是类。类描述了一组有相同属性和相同行为（方法）的对象。

在进行程序开发时，先要抽象出类的定义，再由类去创建对象，在程序中直接使用的是对象而不是类。

（1）类

在面向对象的编程语言中，类是一个独立的程序单位，是具有相同属性和方法的一组对象的集合。它为属于该类的所有对象提供了统一的抽象描述，其内容包括成员属性和成员方法两个主要部分。与面向过程的编程方法相比，方法就是函数，而属性就是变量。

类其实与现实世界中对事物的分类一样。例如，车类，所有的车都属于这个类；球类，所有的球都属于这个类，如篮球、足球等。在程序设计中也需要将一些相关的变量定义和函数声明归类，形成一个自定义类型，通过这个类型创建多个实体，一个实体就是一个对象，每个对象都有该类中定义的内容特性。

（2）对象

对象就是类的实例化结果。例如，有这样的需求：组装100台相同配置的台式机，首先需要列出台式机的装机配置单，可以把这个配置单看作一个类，或者说是自己定义的一个类型，如果按照这个配置单组装了100台机器，这100台机器就是属于同一个类的100

个实体，或称为对象。而这些实体机器就是可操作的实体。

组装了 100 台机器，就创建了 100 个对象，每个对象都是独立的，只能说它们拥有相同的配置。对其中任何一台机器的任何动作都不会影响到其他机器。但是如果对类（配置单）进行修改，那么组装出来的所有机器都会被改变。

这里给出对象的定义：对象是系统中用来描述客观事物的一个实体，是构成系统的一个基本单位。一个对象就是一组属性和有权对这些属性进行操作的一组方法的封装体。

（3）类与对象的关系

面向对象的编程思想力图使程序对事物的描述与该事物在现实中的形态保持一致。

为了做到这一点，在面向对象的思想中提出了两个概念，即类和对象。其中，类是对某一类事物的抽象描述，而对象用于表示现实中该类事物的个体。

类用于描述多个对象的共同特征，它是对象的模板。

对象用于描述现实中的个体，它是类的实例。

2. 类的定义

类定义了某一类事物的抽象特点，类的定义包含了数据的形式以及对数据的操作。类使用 class 关键字后加上类名定义，有时也需要在 class 关键字的前面加一些修饰类的关键字，如 final、abstract 等。类的定义语法格式如下：

```
[修饰符] class 类名称{
    [成员属性]                  // 数据
    [成员方法]                  // 操作
}
```

类名和变量名命名规则相似，都要遵循 PHP 中自定义名称的命名规则。习惯上类名定义要有一定的意义，并且每个单词的首字母大写。类名后的一对大括号 {} 内可以定义变量和方法。

当定义一个类时，一对花括号之间要声明类的成员。类的定义是为了将来能够实例化出多个对象，所以首先要清楚程序中需要什么样的对象。例如，每个人都是一个对象，在创建"人"这个对象之前要先声明"人"这个类。在"人"类中定义的信息就是创建对象时每个人都具有的信息。下面是"人"类的定义示例。

```
class person{
    成员属性:姓名，性别，年龄，身高，体重，电话等
    成员方法:说话，走路，学习，吃饭等
}
```

按照类的定义可以将类分成两部分：一部分是静态描述，另一部分是动态描述。静态描述就是成员属性，在程序中用变量实现，如人的姓名、性别、年龄、身高、体重、电话等。动态描述就是成员方法即对象的功能，如人能说话、能走路、可以学习等。在程序中，把动态描述写成函数。在类中声明的函数称为成员方法。所有类的声明都基于成员属性和成员方法两方面。

3. 类的成员

类的成员主要有包括属性和方法。

属性:用来描述对象的数据元素称为对象的属性(也称为数据/状态)。

方法:在面向对象中,函数和方法两个名词是通用的,是指完成某个特定操作的语句序列。

(1)成员修饰符

在声明类的成员时,必须使用public、private、protected之一进行修饰,定义成员的访问权限。

public(公开):可以自由地在类的内部外部读取、修改。

private(私有):只能在这个类的内部读取、修改。

protected(受保护):能够在类和类的子类中读取和修改。

(2)成员属性

在类中直接声明变量称为成员属性,可以在类中声明多个变量,每个变量都存储对象的不同属性信息。由于类是某一类事物特征的抽象,是一个模板,因此属性都不需要赋初值,一般都是通过类实例化对象后再给相应的成员属性赋初值。下面声明了一个user类,类中声明了四个成员属性。

```
class user{
    public $name;        // 第1个成员属性,用于存储用户的名字
    var $password;       // 第2个成员属性,用于存储用户的密码
    private $birth;      // 第3个成员属性,用于存储用户的出生日期
    protected $sex;      // 第4个成员属性,用于存储用户的性别
}
```

在类中声明成员属性时变量前一定要加一个关键字修饰,如public、private、protected、static等,这些关键字是有一定意义的。如果不需要有特定意义的修饰或者目前不清楚需要什么修饰,就使用"var"关键字,一旦成员属性有了其他关键字修饰,就要去掉"var"。

(3)成员方法

在对象中需要声明一些可以操作本对象成员属性的方法来完成对象的一些行为。在类中直接声明的函数称为成员方法,可以在类中声明多个成员方法。成员方法的声明和函数的声明完全一样,不同之处是可以加一些关键字的修饰来控制成员方法的一些权限,如public、private、static等。值得注意的是,声明的成员方法一定要与对象相关,不能是一些没有意义的操作。成员方法的声明示例如下面的代码所示:

```
class user{
    // 声明第1个成员方法,显示用户名
    function showName(){
        // 方法体
    }
    // 声明第2个成员方法,定义修改密码
    public function modifyPassword($pwd){
        // 方法体
    }
    // 声明第3个成员方法,计算并显示年龄
    private function showAge(){
```

```
        // 方法体
    }
}
```

类就是把相关的属性和方法组织在一起形成一个集合，可以只有成员属性，也可以只有成员方法还可以没有成员属性。

成员方法的访问限定修饰符可以省略，省略后默认就是 public。关于限定修饰符会在后面详解。

(4) 类的实例化

面向对象程序的基本单位是对象，但对象又是通过类实例化（创建）出来的。所以，在使用对象前要通过类实例化出一个或多个对象为程序所用。

将类实例化成对象比较容易，使用 new 关键字并在后面加上一个与类名同名的方法就可以了。如实例化对象时不需要传参数，则在 new 关键字后面直接用类名即可，不需要加括号。对象的实例化格式如下：

```
$变量名 = new 类名称([参数列表])
```

或者

```
$变量名 = new 类名称
```

其中，"$变量名"是通过类所创建的一个对象的引用名称，将来可以通过该引用来访问对象中的成员。new 表示要新建一个对象，类名称表示新建对象的类型，参数用于初始化对象的值。如果类中没有定义构造函数，PHP 会自动创建一个不带参数的默认构造函数（后面有详解）。例如通过上面定义的 user 类实例化几个对象，代码如下：

```
class user{
    public $name;              // 第1个成员属性，用于存储用户的名字
    public $password;          // 第2个成员属性，用于存储用户的密码
    private $birth;            // 第3个成员属性，用于存储用户的出生日期
    protected $sex;            // 第4个成员属性，用于存储用户的性别
    // 声明第1个成员方法，显示用户名
    function showName(){
        // 方法体
    }
}
$user1 = new user();           // 创建第1个user类对象，引用名为$user1
$user2 = new user();           // 创建第1个user类对象，引用名为$user2
$user3 = new user();           // 创建第1个user类对象，引用名为$user3
```

一个类实例化出来的多个对象都是彼此独立的。在上例中，实例化出来三个对象 $user1、$user2、$user3，相当于在内存中开辟了三个内存空间用于存储每个对象。这三个对象之间没有联系，只能说明它们同属于一个类型。就像三个独立的用户，每个用户都有自己的姓名、性别和年龄等属性。

(5) 成员的访问

对象中包含成员属性和成员方法。访问对象中的成员包含对成员属性的访问和对成员

方法的访问。对成员属性的访问包括赋值操作和获取成员属性值的操作。这里通过对象的引用来访问对象中的每个成员，但还是要使用一个特殊的运算符号"->"来完成对象成员的访问，访问对象中成员的语法如下：

类的外面：通过"对象->成员名"调用类的公有成员。
类的里面：通过"$this->成员名"调用本类的成员。

下面的案例是对user类的1个对象的成员属性和成员方法的引用示例，案例代码如例5-1所示。

【例5-1】user.php。

```php
class user{
    public $name;            // 第1个成员属性，用于存储用户的名字
    public $password;        // 第2个成员属性，用于存储用户的密码
    private $birth;          // 第3个成员属性，用于存储用户的出生日期
    protected $sex;          // 第4个成员属性，用于存储用户的性别
    // 声明第1个成员方法，显示用户名
    function showName(){
        echo $this->name;    // 在类的里面使用this->访问成员
    }
}
$user1 = new user();         // 创建第1个user类对象，引用名为$user1
$user1->name = '张三';        // 在类的外面使用对象->成员名访问成员
$user1->showName();          // 在类的外面使用对象->成员名访问成员
$user1->$brith = '2010-10-01'; // 私有成员，在类的外面不能访问，程序报错
```

程序运行结果如图5-1所示。

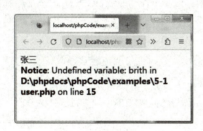

图5-1　成员的访问

在上例案例代码中，通过$this引用访问自己内部的相应的成员属性$name。在类的外面，则只能通过"对象名->"访问类的公有成员。

（6）构造函数

构造函数是对象创建时自动调用的方法。构造函数主要用来在创建对象时初始化对象，即为类的数据成员变量赋初始值。构造函数的特点如下：

① 构造函数是一个魔术方法，是对象被创建时自动调用的方法，用来完成类初始化的工作。

② 构造函数的名称为"＿＿construct"，和其他函数一样，可以传递参数，可以设定参数默认值。

③ 构造函数可以调用属性，也可以调用方法。

④ 构造函数可以被类中的其他方法显式调用。

⑤ 每个类都有一个构造函数，若在定义一个类时，没有显式定义构造函数，则会存在一个默认的没有参数列表并且内容为空的构造函数。

⑥ 同一个类中只能声明一个构造函数，原因是构造函数的名称是固定的。在PHP中不能声明两个同名的函数，所以PHP不能重载构造函数。

下面的案例演示构造函数的运用。案例代码如例5-2所示。

【例5-2】construct.php。

```
class user{
    public $name;              // 第1个成员属性，用于存储用户的名字
    public $password;          // 第2个成员属性，用于存储用户的密码
    private $birth;            // 第3个成员属性，用于存储用户的出生日期
    protected $sex;            // 第4个成员属性，用于存储用户的性别
    // 声明构造函数，实现对类的数据成员赋初值
    public function __construct($_name, $_password, $_birth, $_sex)
    {
        echo "调用了构造函数<br>";
        $this->name = $_name;
        $this->password = $_password;
        $this->birth = $_birth;
        $this->sex = $_sex;
    }
    // 声明第1个成员方法，显示用户信息
    function showUser(){
        echo "用户名："  .$this->name."<br>";      // 在类的里面使用this->访问成员
        ccho "密码："  .$this->password."<br>";    // 在类的里面使用this->访问成员
        echo "出生日期："  .$this->birth."<br>";   // 在类的里面使用this->访问成员
        echo "性别："  .$this->sex;                // 在类的里面使用this->访问成员
    }
}
// 类的实例化，自动调用构造函数
$user1 = new user('admin', '123', '2010-10-01', '男');
$user1->showUser();                              // 在类的外面使用对象->访问成员
```

程序运行结果如图5-2所示。

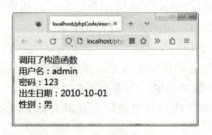

图 5-2　构造函数的运用

上面的案例中，定义了一个构造函数，对user类的四个数据成员赋值，当使用new关键字创建user类的对象时，会自动调用构造函数，然后通过user1对象调用类的成员函数显示用户信息。

（7）析构函数

析构函数会在某个对象的全部引用都被删除或者当对象被显式销毁时执行。析构函数的特点如下：

① 析构函数是一个魔术方法，当对象的全部引用都被删除或者当对象被显式销毁时，用来释放资源。

② 它不能够带参数，也没有返回值。

③ 析构函数也可被显式调用。

下面的案例演示析构函数的运用。案例代码如例5-3所示。

【例5-3】desstruct.php。

```
class dbHelp{
    public $config;           // 定义成员变量，数据库连接配置
    private $link;            // 定义成员变量，数据库连接
    // 声明构造函数，对类的数据成员赋初值
    public function __construct()
    {
        echo "调用了构造函数连接数据库<br>";
    }
    public function exeSql(){
        echo "执行查询操作！<br>";
    }
    // 声明析构函数，释放资源
    public function __destruct()
    {
        echo "调用了析构函数关闭数据库连接<br>";
    }
}
$dbHelper = new dbHelp();        // 类的实例化，自动调用构造函数
$dbHelper->exeSql();             // 在类的外面使用对象->访问成员
```

程序运行结果如图5-3所示。

图5-3 析构函数的运用

上面的案例模拟了一个数据库访问类对象从初始化到销毁的过程，首先定义一个数据库访问类dbHelp，然后实例化了一个对象dbHelper。在实例化对象时会自动调用构造函数，接着调用了一个类的普通方法exeSql()。代码结束，dbHelper对象的引用将被删除，此时会自动调用类的析构函数。

> **小提示：**
> 析构函数的作用在于释放资源。这些资源可以是内存，也可以是数据库连接。它可以允许我们在使用完毕之后立即释放资源以避免内存泄漏。比如当我们使用完数据库连接后，就可以在析构函数中关闭数据库连接，这样就可以避免数据库连接一直处于打开状态导致数据库服务器负载过大的问题。大多数类中不需要定义析构函数，因为普通变量在使用完以后会自动释放内容。

任务实施

① 定义Book类，定义ISBN编号、书名、作者、出版社、单价、数量等成员变量。

② 定义构造函数__construct，实现对类的数据成员赋值。
③ 定义display()函数，使用"this->"访问类的数据成员，输出书本信息。
④ 定义借书函数，对书本数量执行"--"操作。
⑤ 定义还书操作，对书本数量执行"++"操作。
⑥ 使用new实例化一个书本类的对象，并模拟书本的借还操作。
核心代码如下：

```php
class Book{
    public $ISBN;       // 定义成员变量，ISBN编号
    public $name;       // 定义成员变量，书名
    public $author;     // 定义成员变量，作者
    public $press;      // 定义成员变量，出版社
    public $price;      // 定义成员变量，单价
    public $number;     // 定义成员变量，数量
    // 声明构造函数，对类的数据成员赋初值
    public function __construct($_ISBN, $_name, $_author, $_press, $_price, $_number)
    {
        echo "调用了构造函数<br>";
        $this->ISBN = $_ISBN;
        $this->name = $_name;
        $this->author = $_author;
        $this->press = $_press;
        $this->price = $_price;
        $this->number = $_number;
    }
    public function display(){
        echo "书本编号：$this->ISBN <br>";
        echo "书名：$this->name <br>";
        echo "作者：$this->author <br>";
        echo "出版社：$this->press <br>";
        echo "单价：$this->price <br>";
        echo "数量：$this->number <br>";
    }
    public function borrowBook(){
        $this->number--;
    }
    public function returnBook(){
        $this->number++;
    }
    // 声明析构函数，释放资源
    // 由于本类没有需要手动释放的资源，因此析构函数可以不用定义
    public function __destruct()
    {
        echo "调用了析构函数<br>";
    }
}
// 类的实例化，自动调用构造函数
```

```
$book1=new Book('978-7-113-26572-8', 'PHP项目化教程', '张三',
'中国铁道出版社有限公司', '39.8', 120);
$book1->display();
$book1->borrowBook();
echo '借书后：<br>';
$book1->display();
```

程序运行结果如图5-4所示。

图 5-4　Book 类运行效果

任务 5.2　User 类的创建

任务描述

在某教学软件中，有教师、学生两种角色的用户，两种用户有相同的特征，但是操作不一样，因此可以创建 User 类，再分别创建 Teacher 类、Student 类，来继承 User 类，提高代码的复用性。

接下来通过 PHP 封装、继承、多态等知识的学习，来完成 User 类的创建。

知识储备

1. 封装

封装性是面向对象编程中的三大特性之一。所谓封装，是指把对象的成员属性和成员方法结合成一个独立的单位，并尽可能隐藏对象的内部细节，对外形成一道边界（或者形成一道屏障），只保留有限的对外接口使之与外界发生联系。

封装的原则就是要求对象以外的部分不能随意存取对象的内部数据，包括成员属性和成员方法，从而有效避免外部错误产生的影响。

类的封装是为了不让外面的类随意修改一个类的成员变量，所以在定义一个类的成员的时候，使用 private 关键字设置这个成员的访问权限，其只能被这个类的其他成员方法调用，而不能被其他类中的方法调用，即通过本类中提供的方法来访问本类中的私有属性。类的封装的实现方式如下：

① 类的数据成员私有化；

② 在该类中会提供一个访问私有属性的方法，即＿＿get()与＿＿set()方法。

下面通过一个案例来实现类的封装特性，案例代码如例5-4所示。

【例5-4】Person.php。

```
class Person{
    private $name;
    private $age;
    public function __set($name, $value)
    {
        echo '__set被调用,给{$name}赋值<br>';
        switch ($name) {
            case 'name':
                $this->name = $value;
                    break;
            case 'age':
                $this->age=$value;
                    break;
        }
    }
    public function __get($name)
    {
        if ($name == 'name')
        {
            return $this->name;
        }
        elseif($name == 'age')
        {
            return $this->age;
        }
        else { return "{$name}为不合法的属性";
        }
    }
    function say()
    {
        echo "名字为：{$this->name}，年龄为：{$this->age}<br>";
    }
}
$person1 = new Person();
$person1->name = '张三';
$person1->age = 80;
$person1->say();
print_r($person1->ID);
```

程序运行结果如图5-5所示。

在以上的代码中，设置了两个私有成员，然后分别定义了__get()与__set()方法，实现了对类的数据成员的读取与赋值，__get()与__set()为魔术方法，在后面的任务会介绍，在类的外面访问类的私有成员时会自动调用。

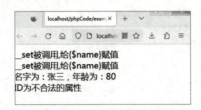

图 5-5 类的封装特性

2. 继承

继承性也是面向对象程序设计中的重要特性之一，在面向对象领域有着极其重要的作用。继承性是指建立一个新的派生类，从先前定义的一个类中继承数据和函数，而且可以重新定义或增加新数据和函数，从而建立了类的层次或等级关系。

PHP 中继承的特点如下：

① 子类只能继承父类的非私有方法和属性。

② 子类继承父类后，相当于将父类的属性和方法 copy() 到子类，可以直接使用 $this 调用。

③ PHP 只能单继承，不支持一个类继承多个类，但是一个类可以进行多层继承。

④ 子类没有定义构造函数，可以调用父类的构造函数。

继承的实现非常简单，在编写一个类的时候使用 extends 关键字来继承另一个类即可，语法格式如下：

```
class 子类名 extends 父类名{

}
```

如果不希望某个类被继承，只能被实例化，就可以通过 final 关键字来声明。示例代码如下：

```
// 定义 child 类，继承 parent 类
final class child extends parent{
    // 本类不能被继承，只能被实例化
}
```

通过继承机制，可以利用已有的数据类型来定义新的数据类型。所定义的新的数据类型不仅拥有新定义的成员，还拥有旧的成员。我们称已存在的用来派生新类的类为基类或父类，由已存在的类派生出来的新类称为派生类或子类。也就是说，继承性就是通过子类对已存在的父类进行功能扩展。下面通过一个案例演示继承的特点，案例代码如例 5-5 所示。

【例 5-5】Vehicle.php。

```
class Vehicle
{
    public $brand;              // 定义父类成员属性，品牌
```

> **小提示：**
> 如果对象中的成员属性没有被封装，一旦对象创建完成，就可以通过对象的引用获取任意成员属性的值，并可以给所有的成员属性赋任意值。在对象外部任意访问成员属性是非常危险的，因为对象中成员属性是对象本身与其他对象不同的特征标志。例如，"电话"对象中的电压和电流等属性值需要在合理的范围内，是不能随意更改的，如手机电压赋值为380 V，就会破坏手机对象。

```php
        public $model;              // 定义父类成员属性, 型号
        public $mileage;            // 定义父类成员属性, 续航里程
        public function display()
        {
            echo "品牌: ".$this->brand."<br>";
            echo "型号: ".$this->model."<br>";
            echo "续航里程: ".$this->mileage."<br>";
        }
        public function __construct($_brand, $_model, $_mileage)
        {
            $this->brand = $_brand;
            $this->model = $_model;
            $this->mileage = $_mileage;
        }
    }
    class Car extends Vehicle
    {
        public function show()
        {
            echo "我是电动汽车<br>";
            $this->display();
        }
    }
    class electricMoto extends Vehicle
    {
        public function show()
        {
            echo "我是电动摩托车<br>";
            $this->display();
        }
    }
    $v1 = new Car('BYD', '比亚迪e3', '400千米');
    $v1->show();
    $v2 = new electricMoto('雅迪', '冠能', '200千米');
    $v2->show();
```

程序运行结果如图5-6所示。

以上案例中，定义了Vehicle为父类，定义子类Car、electricMoto继承Vehicle类。在父类中定义了构造函数和display()函数，在子类中定义了show()函数。通过show()函数调用了父类中的display()函数，然后分别实例化Car类、electricMoto类，调用了show()函数。通过程序运行结果来看，子类可以继承父类中的非私有成员。当子类中没有构造函数时，自动调用父类中的构造函数。

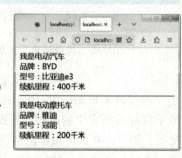

图5-6　继承的运用

如果不希望某个类被继承，只能被实例化，就可以通过final关键字来声明。示例代码如下：

```
// 定义child类, 继承parent类
```

```php
final class child extends parent{
    // 本类不能被继承,只能被实例化
}
```

当一个类被继承时,所包含的final方法不能被子类重写。这样可以要求在子类中一定会存在某个功能一样的方法。示例代码如下:

```php
class parent{                              // 定义parent类
    final protected function call(){
        echo '该方法使用final关键字声明,不能被子类重写。';
    }
}
```

3. 多态

在PHP中,多态是最常用到的一种特性。所谓多态,是指同一个东西不同形态的展示。在PHP中,这样定义多态:一个类被多个子类继承,如果这个类的某个方法在多个子类中表现不同的功能,那么这种行为就称其为多态的实现。

简单来说,多态性是指相同的操作或函数、过程可作用于多种类型的对象上并获得不同的结果。不同的对象,收到同一消息将可以产生不同的结果,这种现象称为多态性。

多态的实现必须要满足三个条件:

① 子类继承父类。
② 子类重写父类的方法。
③ 父类引用指向子类对象。

示例代码如下:

```php
abstract class Person{ abstract function say(); }
class Chinese extends Person                // 条件①:子类继承父类
{
    // 条件②:子类重写父类方法
    function say(){
        echo '我说中文!<br>';
    }
}
class English extends Person{               // 条件①:子类继承父类
    function say()
    {   // 条件② :子类重写父类方法
        echo 'I speak English!<br>';
    }
}
function func(Person $p){                   // PHP中的类型约束只存在于函数的形参
    $p->say();
}
func(new Chinese());                        // 条件③:父类引用指向子类对象
func(new English());                        // 条件③:父类引用指向子类对象
```

4. 魔术方法

PHP中有很多两个下划线开头的方法,如前面介绍的＿＿construct()、＿＿autoload()、

＿＿get()和＿＿set()等，这些方法被称为魔术方法。魔术方法有一个特点，就是不需要手动调用，在某一时刻会自动执行，为程序开发带来了极大的便利，PHP 中的魔术方法见表 5-1。

表 5-1 PHP 中的魔术方法

序号	方法名	作用
1	__construct()	类的构造函数
2	__destruct()	类的析构函数
3	__call()	在对象中调用一个不可访问方法时调用
4	__callStatic()	在静态方式中调用一个不可访问方法时调用
5	__get()	获得一个类的成员变量时调用
6	__set()	设置一个类的成员变量时调用
7	__isset()	当对不可访问属性调用 isset() 或 empty() 时调用
8	__unset()	当对不可访问属性调用 unset() 时被调用
9	__sleep()	执行 serialize() 时，先会调用这个函数
10	__wakeup()	执行 unserialize() 时，先会调用这个函数
11	__toString()	类被当成字符串时的回应方法
12	__invoke()	当以函数的方式调用一个对象时＿＿invoke() 方法会被调用
13	__set_state()	调用 var_export() 导出类时，此静态方法会被调用
14	__clone()	当对象复制完成时调用
15	__autoload()	尝试加载未定义的类
16	__debugInfo()	打印所需调试信息

以魔术方法＿＿autoload()为例，实现类的自动加载，定义 A 和 B 类，命名为"A.php""B.php"。相关代码如下：

```
class A
{
    public function __construct()
    {
        echo "自动加载了A类文件";
    }
}
class B
{
    public function __construct()
    {
        echo "自动加载了B类文件";
    }
}
```

编写调用类 A 和 B 的代码文件"C.php"，与"A.php"和"B.php"文件存放于同一目录下面，并输入如下代码：

```
function __autoload($className){
    $filePath = "{$className}.php";
    if(is_readable($filePath)){
        require($filePath);
    }
}
$a1 = new A();                          // 调用魔术方法自动加载A.php文件
$b1 = new B();
```

程序运行结果如图5-7所示。

图 5-7 魔术方法的运用

在以上代码中，使用new关键字创建A、B类的对象时会自动调用__autoload()方法，把类名称作为参数传入，在__autoload()函数里面加载对应的代码文件，实现了创建对象时类文件的自动加载。

任务实施

① 定义User类，定义姓名、性别、编号、角色等成员变量。

② 定义构造函数__construct()，实现对类的数据成员赋值，定义空的login()函数，定义display()函数，代码如下：

```
class User
{
    public $name;
    public $gender;
    public $no;
    protected $role;
    public function display()
    {
        echo "姓名：".$this->name."<br>";
        echo "性别：".$this->gender."<br>";
        echo "编号：".$this->no."<br>";
    }
    public function __construct($_name, $_gender, $_no, $_role)
    {
        $this->name = $_name;
        $this->gender = $_gender;
        $this->no = $_no;
        $this->role = $_role;
    }
```

```
        public function login(){}
}
```

③ 定义子类Student、Teacher，继承User类。
④ 在子类中重写父类的login()方法，实现不同的操作。
⑤ 在子类中定义show()函数，调用父类的display()函数，实现子类对父类成员的访问，代码如下：

```
class Student extends User
{
    public function show()
    {
        echo "我是".$this->role."<br>";
        $this->display();
    }
    public function login(){
        echo '登录成功，跳转到学生界面；<br>';
    }
}
class Teacher extends User
{
    public function show()
    {
        echo "我是".$this->role."<br>";
        $this->display();
    }
    public function login(){
        echo '登录成功，跳转到教师界面；<br>';
    }
}
```

⑥ 在类的外面定义login()函数，参数为User类的对象，代码如下：

```
function login(User $u){
    $u->login();
}
```

⑦ 实例化Student、Teacher类，创建对象s1、t1，调用login()方法传递子类的对象，构造父类引用指向子类对象，实现多态，代码如下：

```
$s1 = new Student('张三', '男', '200122', '学生');
$t1 = new Teacher('李四', '男', '20100031', '教师');
login($s1);
login($t1);
```

⑧ 使用s1、t1对象分别调用show()函数，代码如下：

```
$s1->show();
$t1->show();
```

程序运行结果如图 5-8 所示。

图 5-8　User 类的运行结果

任务 5.3　抽象类与接口

任务描述

在项目开发中，通常类的基础属性和方法都是由项目负责人编写的。其他人在编写相关类的时候，都需要通过继承这些类来获取基础属性和方法。虽然可以通过会议规定流程，但是如果能够从代码上来实现硬性控制更为方便。在 PHP 中可以通过"abstract"关键字声明抽象类来实现上述需求。有时候我们希望一个类必须具有某些公共方法，此时就可使用接口技术。接下来就通过一个简单的例子演示抽象类和接口的使用。

知识储备

1. 抽象类

只要一个类里面有一个方法是抽象方法，那么这个类就定义为抽象类。抽象类使用"abstract"关键字来修饰；在抽象类里面可以有不是抽象的方法和成员属性，但只要有一个方法是抽象的方法，这个类就必须声明为抽象类。

抽象类的特点如下：

① 使用关键字：abstract。
② 类中只要有一个方法声明为 abstract 抽象方法，那么这个类就必须声明为抽象类。
③ 抽象方法只允许有方法声明与参数列表，不允许有方法体。
④ 因为抽象方法的不确定性，所以抽象类禁止实例化，仅允许通过继承来实例化。
⑤ 继承抽象类的子类中，必须将抽象类中的所有抽象方法全部实现。
⑥ 子类成员的访问限制级别必须等于或小于抽象类的约定。例如抽象类是 protected，子类必须是 protected 或者 public，不允许是 private。

下面通过一个案例来演示抽象类的运用。案例代码如例 5-6 所示。

【例 5-6】abstract.php。

```
abstract class table
{
```

```
    // 只要类中有一个抽象方法，则该类必须声明为抽象类
    public abstract function add();
    public function display()
    {
        echo '查询表中数据';
    }
}
class stu extends table
{
    // 子类必须实现父类的抽象方法
    public  function add()
    {
        echo "添加学生信息";
    }
}
```

以上案例中，定义了一个抽象类table，类中定义了一个抽象方法add()，定义stu类继承table类，因此stu类中必须实现父类的抽象方法add()。

2. 接口

可以通过interface来定义一个接口，就像定义一个标准的类一样，但其中定义所有的方法都是空的。接口中定义的所有方法都必须是public。

接口的特点如下：

① 对接口的使用是通过关键字implements。

② 接口不能定义成员变量（包括类静态变量），能定义常量。

③ 子类必须实现接口定义的所有方法。

④ 接口只能定义，不能实现该方法。

⑤ 接口没有构造函数。

⑥ 接口中的方法和实现它的类默认都是public类型的。

下面通过一个案例来演示接口的运用。案例代码如例5-7所示。

【例5-7】interface.php。

```
// 定义接口，通过接口规定类必须要具有的公共方法
interface DB{
    public function connect();          // 连接数据库
    public function query();            // 查询数据
    public function disconnect();       // 断开数据库
}
// 使用implements关键字实现DB接口
class mysql implements DB{
    public function connect(){
        echo '连接数据库<br>';
    }
    public function query() {
        echo '查询数据<br>';
    }
```

```
        public function disconnect() {
            echo '断开数据库连接<br>';
        }
    }
    $mysql1 = new mysql;
    $mysql1->connect();
    $mysql1->query();
    $mysql1->disconnect();
```

程序运行结果如图 5-9 所示。

图 5-9　接口的应用

上面的代码中定义了一个接口，接口中声明了几个空方法，然后定义了 mysql 类实现了接口，在 mysql 类中实现了接口中所有的方法。从以上代码可以看出，接口就相当于一个类的模板。

任务实施

① 创建抽象类 goods 类，定义一个抽象方法和一个 final 方法，代码如下：

```
abstract class goods
{
    public $name;
    public $price;
    public function __construct($_name, $_price)
    {
        $this->name = $_name;
        $this->price = $_price;
    }
    // 限制非抽象子类都要实现 getName() 的方法
    abstract protected function getName();
    // 要求每个子类都必须要有相同的返回原始价格的方法
    final public function getPrice() {
        return $this->price;
    }
}
```

② 创建 book 类，继承 goods 类，实现 goods 类的抽象方法，代码如下：

```
class book extends goods
{
    public function getName()
    {
```

```
        echo "书名:".$this->name.'<br>';
    }
}
```

③ 创建 phone 类，继承 goods 类，实现 goods 类的抽象方法，代码如下：

```
class phone extends goods
{
    public function getName()
    {
        echo '手机型号:'.$this->name.'<br>';
    }
}
```

④ 实例化 book 类，book 类继承了 goods 类，调用构造方法，传递相关参数，代码如下：

```
$b1 = new book('PHP高级教程', 45);
$b1->getName();
echo '<hr>';
// 父类good类中getPrice是final方法，无法被重写
echo "单价:".$b1->getPrice()."<br>";
```

⑤ 实例化 phone 类，phone 类继承了 goods 类，调用构造方法，传递相关参数，代码如下：

```
$p = new phone('MI4s', 1999);
echo $p->getName();
echo '<hr>';
// 父类good类中getPrice是final方法，无法被重写
echo "单价:".$b1->getPrice()."<br>";
```

程序运行结果如图 5-10 所示。

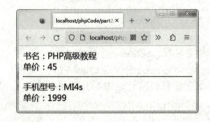

图 5-10　goods 类运行结果

素养园地

敦煌莫高窟，千年瑰宝，在樊锦诗的守护下焕发新生。作为敦煌研究院名誉院长，樊锦诗不仅致力于实体保护，更开创性地推动数字化进程，利用现代科技为莫高窟建立数字档案。这一举措既缓解了文物保护与旅游开发的矛盾，又为学术研究提供了宝贵资料，让千年石窟以数字形式"重生"。

樊锦诗深知文化传承的重要性，她通过举办展览、讲座等活动，普及文化遗产知识，激发公众保护意识。她认为，文化的继承不仅是保存过去，更是面向未来，需不断创新与发展。作为新时代青年，我们应学习樊锦诗的精神，积极参与文化遗产保护，为中华文化的繁荣发展贡献力量，让古老的文化在新时代绽放新的光彩。

自我测评

一、填空题

1. 在PHP中可以使用_____关键字来创建一个对象。
2. 在PHP中可以通过_____关键字声明抽象类。
3. 在PHP中实现接口使用关键字_____。
4. 在类中可以定义构造函数的关键字为_____。
5. 面向对象的三大特性有_____、_____、_____。

二、判断题

1. 符号"::"可以用来访问静态成员。（ ）
2. 类中可以不用定义析构函数。（ ）
3. 在类中可以使用self关键字表示当前的类。（ ）
4. 类中的private成员与其他成员之间是可见的。（ ）
5. 构造函数的作用是对类的数据成员赋值。（ ）

三、选择题

1. 在PHP中，默认访问控制修饰符是（　　）。（单选）
   A. public　　　　B. private　　　　C. protected　　　　D. interface
2. 下列选项中，可以用来在子类中调用父类方法的是（　　）。（单选）
   A. self　　　　B. static　　　　C. parent　　　　D. $this
3. 关于重写，以下说法正确的是（　　）。（单选）
   A. 子类重写父类方法时，只需在子类中定义一个与父类方法名称不同的方法即可
   B. 子类调用父类被重写的方法时，需要使用self关键字
   C. 子类重写父类方法时，子类方法的访问权限不能大于父类方法的访问权限
   D. 子类重写父类方法时，参数个数不能相同
4. 下列选项中，可以实现继承的关键字是（　　）。（单选）
   A. global　　　　B. final　　　　C. interface　　　　D. extends
5. 下列选项中，（　　）不属于面向对象的特性。（单选）
   A. 封装　　　　B. 继承　　　　C. 类型约束　　　　D. 多态

四、简答题

1. 简述面向对象中接口和抽象类的区别。
2. 构造方法和析构方法是在什么情况下调用的？作用各是什么？

第二部分
新闻发布系统开发

- 项目6　PHP操作数据库
- 项目7　PHP与Web交互
- 项目8　文件与图像技术

项目6 PHP操作数据库

课前学习工作页

扫一扫侧边栏中的二维码,观看相关视频,并完成下面的题目。

1. 简答题

① PHP操作数据库有几种方式?
② mysqli面向过程的方式如何连接数据库?
③ 什么是单例模式?

2. 选择题

① 下列关于mysqli_select_db的作用描述中,正确的是(   )。(单选)
   A. 连接数据库   B. 连接并选取数据库
   C. 连接并打开数据库   D. 选取数据库

② 下列函数中,在数据库上执行查询语句的操作的是(   )。(单选)
   A. mysqli_query()   B. mysqli_fetch_all()
   C. mysqli_affected_rows()   D. mysqli_prepare()

③ 下列的函数中,(   )是读取查询结果集中的数据。(多选)
   A. mysqli_fetch_row()
   B. mysqli_fetch_array()
   C. mysqli_fetch_object()
   D. mysqli_query()

新闻发布系统设计

PHP操作数据库

静态工具类

课堂学习任务

新闻发布系统是网站中最常见的系统,是一个基于新闻发布和内容管理的信息管理系统。在系统开发的前期,必须进行系统需求分析,然后根据需求进行系统的总体设计和数据库的设计,封装数据库操作类。

本项目将详细讲解系统的需求分析与设计、数据库设计、数据库与表的创建、PHP操作数据库、单例模式等知识点,设置了以下任务:

任务6.1 新闻发布系统需求分析与设计
任务6.2 dbHelper类的封装
任务6.3 静态工具类

学习目标

知识目标	理解数据库表的结构和设计原则，能够设计合理的数据库并使用SQL创建表。 掌握使用mysqli连接数据库，选择数据库，执行SQL语句，以及处理和释放结果集的流程。 理解单例模式的概念，掌握如何在PHP中实现单例模式，确保数据库连接的唯一性。 掌握如何将数据库操作封装到一个类中，提升代码的可重用性和可维护性。
能力目标	能够独立设计和创建数据库表，理解数据规范化与反规范化的应用场景。 熟练运用PHP与mysqli进行数据库的连接、操作和管理，能够处理常见的数据库操作。 能够编写和执行复杂的SQL语句，并有效处理查询结果，提高数据处理效率。 能够实现并运用单例模式，确保在整个应用中只有一个数据库连接实例。 能够封装数据库访问类，提供简洁的接口以便于其他代码模块使用和维护。
素质目标	培养良好的数据库设计习惯，理解数据结构的重要性，增强设计思维。 提升解决实际问题的能力，通过封装与模块化编程提升代码的整洁性和可读性。 加强团队协作能力，鼓励代码分享与评审，提升整体开发水平。 培养终身学习的意识，鼓励探索新技术和最佳实践，拓宽技术视野。 强化代码的规范性与可维护性，养成良好的编程习惯，促进个人和团队的持续进步。

任务 6.1 新闻发布系统需求分析与设计

任务描述

在开发新闻发布系统项目前，必须先对系统进行需求分析，然后根据需求进行系统的总体设计，最后完成数据库的设计。

知识储备

1. 系统功能需求与总体设计

新闻发布系统（news release system or content management system）又称为内容管理系统，是一个基于新闻和内容管理的全站管理系统。新闻发布系统是基于B/S模式的Web信息管理系统，可以将杂乱无章的信息（包括文字，图片和影音）经过组织，合理有序地呈现在大家面前。

新闻发布系统的主要功能需求包含以下几个部分：

（1）新闻查看功能

新闻查看功能是显示新闻的关键信息，如标题、来源、发布时间等，方便新闻浏览用户查看新闻信息，主要包括新闻系统主页显示、新闻信息的列表显示、新闻信息的详细信息显示。

（2）新闻管理功能

新闻管理模块主要是对系统的后台数据库中新闻信息的管理，具体包括新闻信息添加、新闻信息修改和新闻信息删除等功能。

（3）栏目管理功能

新闻发布系统在不同的企业或单位应用中，新闻栏目的各不相同。为了使系统具有通用性，需要对新闻栏目实现动态管理。新闻栏目管理主要包括添加、修改、删除等操作。

（4）系统管理功能需求

新闻发布系统中的用户主要有系统管理员、新闻发布者，不同用户有不同的权限。系统管理通常包括用户的管理、权限控制、系统日志管理、图片管理等。

2. 新闻发布系统总体设计

依据上述的系统功能需求分析，新闻发布系统应分为系统前台和系统后台，其总体设计如图6-1所示。

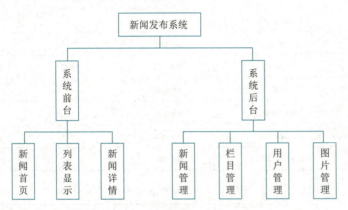

图 6-1　新闻发布系统总体设计

前台显示界面管理模块包括：新闻首页、列表显示和新闻详情。而后台信息管理包括：新闻管理、栏目管理、图片管理和用户管理。

3. 新闻发布系统数据库设计

（1）概要设计

通过需求分析，新闻发布系统中的实体主要有用户信息、新闻信息、新闻栏目信息。本系统中的主要E-R图如图6-2所示。

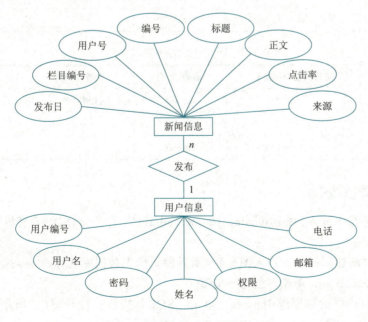

图 6-2　新闻发布系统主要 E-R 图

（2）逻辑设计

把图6-2中的E-R模型转换为关系模型，共有三个表：新闻信息表（news）、用户信息表（user）、新闻栏目信息表（type）。各表的逻辑设计见表6-1～表6-3。

表6-1 新闻信息表（news）

字 段	数据类型（长度）	允 许 空	主键/外键	备 注
id	int	not null	主键自增	新闻编号
title	varchar（100）	not null	—	标题
typeID	int	not null	外键	栏目编号
userID	int	not null	外键	发布人编号
content	text	not null	—	新闻内容
ptime	datetime	not null	—	发布日期
clicks	int	not null	—	点击率
source	varchar（100）	not null	—	新闻来源

表6-2 用户信息表（user）

字 段	数据类型（长度）	是 否 为 空	主键/外键	备 注
id	int	not null	主键自增	学号
logName	varchar（20）	not null	—	用户名
password	varchar（32）	not null	—	密码
name	varchar（8）	not null	—	真实姓名
power	varchar（10）	not null	—	权限
email	varchar（30）	null	—	邮箱
tel	char（11）	null	—	电话

表6-3 新闻栏目信息表（type）

字 段	数据类型（长度）	是 否 为 空	主键/外键	备 注
id	int	not null	主键自增	栏目编号
sortNum	int	not null	—	显示序号
name	varchar（12）	not null	—	栏目名称

操作视频

任务6.1 新闻发布系统需求分析与设计

🎯 任务实施

① 在浏览器中输入http://localhost/phpmyadmin/，打开MySQL管理界面，如图6-3所示。

② 单击"新建"按钮，进入图6-4所示界面，输入数据库名称dbnews，并选择编码格式为utf8_general_ci，单击"创建"按钮。

③ 选择创建好的数据库dbnews，单击"SQL"按钮，打开图6-5所示的SQL输入窗口。

项目 6　PHP 操作数据库

图 6-3　MySQL 管理界面

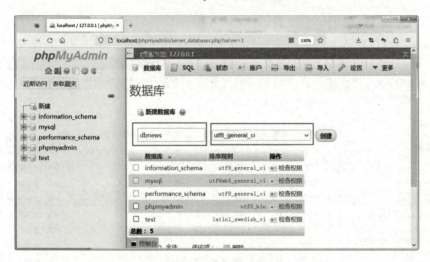

图 6-4　创建数据库

图 6-5　利用 SQL 输入窗口创建数据库表

④ 在窗口中输入如下代码,单击"执行"按钮,创建新闻信息表。

```
create table news
(
    id int AUTO_INCREMENT PRIMARY KEY,    // 自增,主键
    title varchar(100),
    typeID int,
    userID int,
    content text,
    ptime datetime,
    clicks int,
    source varchar(100)
)
```

创建后的新闻信息表结构如图 6-6 所示。

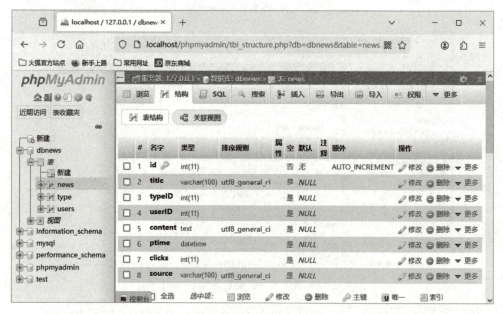

图 6-6 新闻信息表结构

⑤ 输入如下代码,单击"执行"按钮,创建用户信息表。

```
create table users
(
    id int AUTO_INCREMENT PRIMARY KEY,    // 自增,主键
    logName varchar(20),
    password varchar(32),
    name varchar(8),
    power varchar(10),
    email varchar(30),
    tel char(11)
)
```

创建后的用户信息表结构如图 6-7 所示。

图 6-7 用户信息表结构

⑥ 输入如下代码,单击"执行"按钮,创建新闻栏目表。

```
create table type
(
    id int AUTO_INCREMENT PRIMARY KEY,    // 自增,主键
    sortNum int,
    name varchar(12)
)
```

创建后的新闻栏目表结构如图 6-8 所示。

图 6-8 新闻栏目表结构

⑦ 为了便于查询新闻信息的全部内容，输入如下代码，创建视图 vnews。

```
create view vnews as
    select news.*, users.name, type.name as typeName
    from news, type, users
    where news.typeID = type.id and news.userID = users.id
```

创建后的视图如图 6-9 所示。

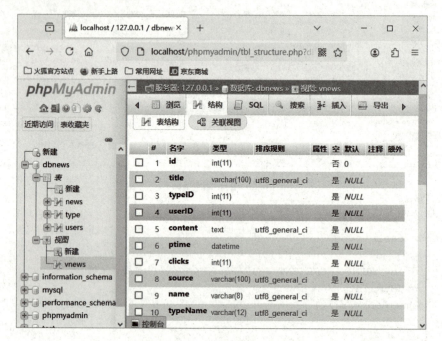

图 6-9　视图 vnews

●●●● 任务 6.2　dbHelper 类的封装 ●●●●

任务描述

在新闻发布系统的开发中，对数据库的操作十分频繁。为了更快捷便利地与数据库进行交互，通常利用面向对象的方式调用 PHP 的 MySQL 数据库访问 API，封装一个数据库操作类。

接下来通过 PHP 操作数据库相关知识的学习，来完成 dbHelper 数据库操作类的创建。

知识储备

1. PHP 操作数据的方式

在 PHP5 及以上版本中，数据库操作方式主要有 mysqli 扩展、PDO 扩展。

（1）mysqli 扩展

mysqli 扩展是 MySQL 的增强版扩展，它是 MySQL 4.1 及以上版本提供的功能。

mysqli 扩展在默认情况下已经安装好了，支持面向对象和面向过程 API 两种形式操作 MySQL 数据库。

（2）PDO 扩展

在早期的 PHP 版本中，由于不同数据库扩展的应用程序接口互不兼容，导致 PHP 所开发的程序维护困难、可移植性差。为了解决这个问题，PHP 开发人员编写了一种轻型、便利的 API 来统一操作各种数据库，即数据库抽象层 PDO 扩展。

可根据自己的需求选择 mysqli 还是 PDO，它们有自己的优势，介绍如下：

① PDO 应用在 12 种不同数据库中，mysqli 只针对 MySQL 数据库。

② 如果项目需要在多种数据库中切换，建议使用 PDO，这样只需要修改连接字符串和部分查询语句即可。使用 mysqli，如果数据库不同，需要重新编写所有代码，包括查询。

③ 两者都是面向对象，但 mysqli 还提供了 API 接口。

④ 两者都支持预处理语句。预处理语句可以防止 SQL 注入，对于 Web 项目的安全性是非常重要的。

本书接下来的部分使用 mysqli 面向过程的方式进行数据库的操作。

2. PHP 访问 MySQL 数据库的流程

通过前面的学习了解到，想要完成对 MySQL 数据库的操作，首先需要启动 MySQL 数据库服务器，输入用户名和密码，然后选择要操作的数据库，执行具体的 SQL 语句，最后获取结果。同样，在 PHP 的应用中，可以使用 PHP 中的 MySQL 扩展函数来访问 MySQL 数据库，要想完成与 MySQL 服务器的交互，原理和操作步骤与直接使用 MySQL 的客户端软件来访问 MySQL 数据库服务器是相同的。

在 PHP 中，访问 MySQL 数据库的步骤如下：

① 通过用户名和口令连接 MySQL 数据库服务器。
② 选择数据库。
③ 设置字符集。
④ 编写 SQL 语句。
⑤ 将 SQL 语句发送到数据库服务器。
⑥ 处理结果。
⑦ 关闭数据库连接。

PHP 中常用的 MySQL 函数见表 6-4。

表 6-4 PHP 中常用的 MySQL 函数

函　　数	描　　述
mysqli_affected_rows()	获取前一次 MySQL 操作所影响的记录行数
mysqli_character_set_name()	返回当前连接的默认字符集的名称
mysqli_close()	关闭 MySQL 连接
mysqli_connect()	打开一个 MySQL 连接
mysqli_data_seek()	移动内部结果指针
mysqli_ermo()	返回上一个 MySQL 操作中的错误信息的数字编码
mysqli_error()	返回上一个 MySQL 操作产生的文本错误信息

续表

函　　数	描　　述
mysqli_fetch_array()	从结果集中取得一行作为关联数组或数字数组，或二者兼有
mysqli_fetch_assoc()	从结果集中取得一行作为关联数组
mysqli_fetch_field()	从结果集中取得列信息并作为对象返回
mysqli_fetch_lengths()	获取结果集中每个字段内容的长度
mysqli_fetch_object()	从结果集中取得一行作为对象
mysqli_fetch_row()	从结果集中取得一行作为数字数组
mysqli_field_seek()	将结果集中的指针设定为指定的字段偏移量
mysqli_free_result()	释放结果内存
mysqli_get_client_info()	获取MySQL客户端信息
mysqli_get_host_info()	获取MySQL主机信息
mysqli_get_proto_info()	获取MySQL协议信息
mysqli_get_server_info()	MySQL服务器信息获取最近一条查询的信息，比如获取上一步INSERT操作产生的ID
mysqli_info()	获取结果集中字段的数目
mysqli_insert_id()	获取前一次MySQL操作所影响的记录行数
mysqli_field_count()	返回当前连接的默认字符集的名称
mysqli_num_rows()	获取结果集中行的数目
mysqli_ping()	ping一个服务器连接，如果没有连接，则重新连接
mysqli_query()	发送一条MySQL查询
mysqli_select_db()	选择MySQL数据库
mysqli_set_charset()	设置数据库的字符集
mysqli_stat()	获取当前系统状态
mysqli_thread_id()	返回当前线程的ID

3. 连接数据库

要想访问数据库，必须首先创建数据库的连接。在PHP中，mysqli_connect()函数用于连接数据库。如果连接成功，函数将返回一个表示数据库连接的对象（$link）；如果连接失败，函数将返回false，并向Web服务器发送一条Warning级别的出错消息。语法格式如下：

```
mysqli_connect(host, usemame, password, dbname, port, socket);
```

mysqli_connect()函数的参数说明见表6-5。

表6-5　mysqli_connect()函数的参数说明

参　　数	描　　述
host	可选，规定主机名或IP地址
usemame	可选，规定MySQL用户名
password	可选，规定MySQL密码

续表

参数	描述
dbname	可选，规定默认使用的数据库
port	可选，规定尝试连接到 MySQL 服务器的端口号
socket	可选，规定 socket 或要使用的已命名 pipe

下面的案例利用 mysqli_connect() 函数连接 dbnews 数据库。代码如例 6-1 所示。

【例 6-1】 connectDB.php。

```
$link = mysqli_connect('localhost', 'root', '', 'dbnews');
if(!$link){
    die('数据库连接失败！'.mysqli_error($link));
}
var_dump($link);
```

程序运行结果如图 6-10 所示。

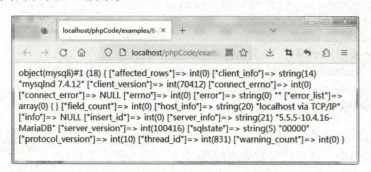

图 6-10 数据库连接

在以上代码中，连接了 dbnews 数据库。若连接成功返回一个 mysqli 的对象；若连接失败会返回 false。因此建议在开发阶段通过判断 mysqli_connect() 函数的返回值来确定数据库连接是否成功。如果连接失败，可以使用 die() 函数来停止脚本继续执行，并在 die() 函数中调用 mysql_error() 函数显示错误信息。

4. 执行 SQL 语句

在 MySQL 数据库中，通过执行 SQL 语句可以实现数据库的增、删、改、查等操作。而 PHP 操作 MySQL 同样使用 SQL 语句，不过需要借助 mysqli_query() 函数来执行 SQL 语句。mysqli_query() 函数将 SQL 语句发送到 MySQL 数据库服务器，由 MySQL 数据库服务器执行该 SQL 语句。函数 mysqli_query() 的语法格式如下：

```
mysqli_query(connection, query, resultmode)
```

mysqli_query() 函数的参数说明见表 6-6。

表 6-6 mysqli_query() 函数的参数说明

参数	描述
connection	必需，规定要使用的 MySQL 连接
query	必需，规定查询字符串

小提示：

mysqli_query() 函数仅对 select、show、explain 或 describe 语句返回一个资源类型的结果集，如果查询执行不正确，则返回 false。对于其他类型的 SQL 语句，如 insert、delete、update 等，mysqli_query() 函数在执行成功时返回 true，否则返回 false。

续表

参数	描述
resultmode	可选，一个常量，可以是下列值中的任意一个： MYSQLI_USE_RESULT（如果需要检索大量数据，请使用这个）； MYSQLI_STORE_RESULT（默认）

下面来演示 mysqli_query() 的应用，代码如例 6-2 所示。

【例 6-2】query.php。

```
$link = mysqli_connect('localhost', 'root', '', 'dbnews');
if(!$link){
    die('数据库连接失败！'.mysqli_error($link));
}
mysqli_query($link, 'set names utf-8');     // 设置数据库连接的编码格式
// 编写一条insert语句，向type表中添加一条记录
$sql = "insert into type(sortNum, name)values(1, '通知公告')";
$result = mysqli_query($link, $sql);
var_dump($result);                          // 打印返回结果
echo '<hr>';
// 编写一条select语句，查询type表的信息
$sql = "select * from type";
$result = mysqli_query($link, $sql);
var_dump($result);
```

程序运行结果如图 6-11 所示。

在以上代码中，在连接好数据库的基础上，使用 mysqli_query() 设置了数据库连接的编码格式为 utf-8，避免出现中文乱码；接着使用 mysqli_query() 向 type 表中添加了一条记录，然后继续使用 mysqli_query() 执行了查询。根据运行的结果，mysqli_query() 执行添加成功，返回 true，执行查询成功后

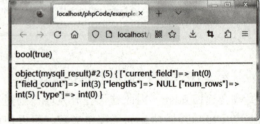

图 6-11 查询数据

返回一个 mysqli_result 的对象，通常称之为结果集。

5. 处理结果集

当 mysql_query() 函数返回的是资源类型的结果集时，需要进一步处理才能得到相关数据。mysqli 提供几个类似的函数用于处理结果集，分别是 mysqli_fetch_row()、mysqli_fetch_array()、mysqli_fetch_assoc()、mysqli_fetch_object()。

（1）mysqli_fetch_row() 函数

该函数的作用是从结果集中读取出一条数据，以索引数组的形式返回。其声明方式如下：

```
array mysqli_fetch_row(resource $result)
```

该函数执行成功后会自动读取下一条数据，直到结果集中没有下一条数据时为止。

（2）mysqli_fetch_assoc()函数

该函数的作用是从结果集中读取出一条数据，以关联数组的形式返回。其声明方式如下：

```
array mysqli_fetch_assoc(resource $result)
```

该函数执行成功后会自动读取下一条数据，直到结果集中没有下一条数据时为止。

（3）mysqli_fetch_array()函数

该函数可以看作mysqli_fetch_row()函数与mysqli_fetch_assoc()函数的集合体，它会将结果集中的数据分别以索引数组和关联数组的形式返回。其声明方式如下：

```
array mysqli_fetch_array(resource $result, $result_type)
```

由于该函数可以同时返回索引数组和关联数组，因此该函数提供了一个可选参数$result_type，其值可以是MYSQLI_BOTH（默认参数）、MYSQLI_ASSOC或MYSQLI_NUM中的一种。其中，MYSQLI_ASSOC只得到关联索引型数组如mysqli_fetch_assoc()，MYSQLI_NUM只得到数字索引型数组如mysqli_fetch_row()。

（4）mysqli_fetch_object()函数

函数mysqli_fetch_object()与mysqli_fetch_array()类似，只有一点区别，即前者返回的是对象而不是数组。其声明方式如下：

```
object mysqli_fetch_object(resource $result)
```

在上述声明中，参数$result是调用mysqli_query()函数返回的结果集。由于该函数的返回值类型是object类型，所以只能通过字段名来访问数据，并且此函数返回的字段名大小写敏感。

下面在以上成功连接dbnews数据库的基础上演示几个函数的区别，代码如例6-3所示。

【例6-3】fetch.php。

```
mysqli_query($link, 'set names utf-8');
$sql = "select * from type";
$result = mysqli_query($link, $sql);
echo 'mysqli_fetch_row()函数读取结果集中的一行：<br>';
var_dump(mysqli_fetch_row($result));
echo '<hr>';
echo 'mysqli_fetch_array()函数读取结果集中的一行：<br>';
var_dump(mysqli_fetch_array($result));
echo '<hr>';
echo 'mysqli_fetch_assoc()函数读取结果集中的一行：<br>';
var_dump(mysqli_fetch_assoc($result));
echo '<hr>';
echo 'mysqli_fetch_object()函数读取结果集中的一行：<br>';
var_dump(mysqli_fetch_object($result));
```

程序运行结果如图6-12所示。

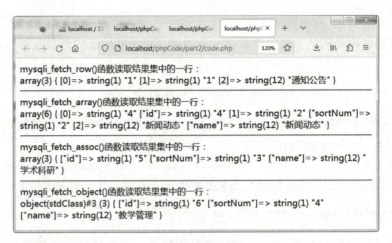

图 6-12 读取结果集

从以上代码的运行结果来看,四个函数都是读取结果集中的一行,并且当该函数执行成功后,会自动读取下一条数据,因此执行四次读取分别取出了不同的四条记录。mysqli_fetch_row()返回索引数组;mysqli_fetch_assoc()返回关联数组;mysqli_fetch_array()返回索引和关联数组;mysqli_fetch_object()返回对象。

6. 释放资源

PHP操作数据库过程中的释放资源主要包括清除结果集和关闭数据库连接,涉及mysqli_free_result()和mysqli_close()函数。

(1) mysqli_free_result()函数

由于从数据库查询到的结果集都是加载到内存中的,因此当查询的数据十分庞大时,如果不及时释放就会占据大量的内存空间,导致服务器性能下降。而清除结果集就需要使用mysqli_free_result()函数,其声明方式如下:

```
bool mysqli_free_result(resource $result)
```

该函数的返回值类型是布尔类型。若执行成功返回true;若执行失败返回false。

(2) mysqli_close()函数

数据库连接也是十分宝贵的系统资源。一个数据库能够支持的连接数是有限的,而且大量数据库连接的产生也会对数据库的性能造成一定影响。因此可以使用mysqli_close()函数及时关闭数据库连接,其声明方式如下:

```
bool mysqli_close([resource $link_identifier = NULL])
```

在上述声明中,函数的返回值类型是布尔型。若执行成功返回true;若执行失败返回false。$link_identifer代表要关闭的MySQL连接资源。如果没有指定$link_identifier,则关闭上一个打开的连接。

> **小提示:**
> 通常不需要使用函数mysqli_close(),因为已打开的非持久连接会在脚本执行完毕后自动关闭。

7. 单例模式

作为对象的创建模式,单例模式确保某一个类只有一个实例,并且对外提供这个全局实例的访问入口。它不会创建实例副本,而是会向单例类内部存储的实例返回一个引用。在PHP实现单例模式主要包括以下三要素:

① 需要一个保存类的唯一实例的静态成员变量。
② 构造函数和克隆函数必须声明为私有的，防止外部程序创建或复制实例副本。
③ 必须提供一个访问这个实例的公共静态方法，从而返回唯一实例的一个引用。

使用单例模式的好处很多，以数据库操作为例。若不采用单例模式，当程序中出现大量数据库操作时，每次都要执行 new 操作，每次都会消耗大量的内存资源和系统资源，而且每次打开和关闭数据库连接都是对数据库的一种极大考验和浪费。使用了单例模式，只需要实例化一次，不需要每次都执行 new 操作，极大降低了资源的耗费。

任务实施

任务6.2-1
dbHelper类的封装

① 新建 dbHelper 文件，创建 dbHelper 类，代码如下：

```
class dbHelper
{
}
```

② 添加数组成员，用来保存数据库连接配置信息，添加数据库连接对象。基于类的封装性，我们需要尽量隐藏类的内部成员，仅保留外部接口，因此需要把数据库连接配置信息和数据库连接对象全部使用 private 关键字声明为私有属性，禁止外部成员访问，代码如下：

```
// 数据库配置信息，利用数组存储
private $config = array(
    'host' => '',          // 数据库服务器所在主机IP,本机通常为localhost
    'user' => '',          // MySQL数据库服务器的用户名，通常为root
    'password' => '',      // MySQL数据库服务器的密码，默认为''
    'database' => '',      // 需要连接的数据库
    'charset' => ''        // 数据库连接的编码格式
);
// 数据库连接对象
private $conn;
```

③ 添加构造函数，初始化连接信息和连接数据库，代码如下：

```
// 构造函数的作用是对类的数据成员赋初值
public function __construct($conf)
{
    // 调用数组合并函数
    $this->config = array_merge($this->config, $conf);
    // 调用本类中的连接数据库函数
    $this->getConn();
}
// 连接数据库函数
public function getConn()
{
    $this->conn = mysqli_connect($this->config['host'],
    $this->config['user'], $this->config['password'], $this->config['database']);
```

```
mysqli_query($this->conn, $this->config['charset']);
}
```

在以上构造函数中，利用array_merge()函数把传入的数组$conf赋值给类的数据成员$config，并调用getConn()函数完成数据库的连接。

④ 添加执行SQL语句的方法。与之前定义数据库操作函数库一样，需要把mysqli提供的 mysqli_query()函数进行进一步处理。主要目的就是在执行失败时，将失败的 SQL语句以及错误信息显示出来，代码如下：

```
// 执行所有的SQL语句的函数，增删改查
public function execute($sql)
{
    if($result = mysqli_query($this->conn, $sql))
        return $result;
    else
    {
        echo 'SQL执行失败:<br>';
        echo '错误的SQL为:', $sql, '<br>';
        echo '错误的代码为:', mysqli_errno($this->conn), '<br>';
        echo '错误的信息为:', mysqli_error($this->conn), '<br>';
        die;
    }
}
```

在上述代码中，首先执行mysqli_query()函数，并传入要执行的SQL语句。如果执行成功，则返回执行结果；如果没有执行成功，则执行else中的语句，打印执行失败的SQL语句以及错误信息。

⑤ 添加查询函数，根据查询情况返回一维或二维数组。

由于mysqli_query()函数执行成功后返回的是一个对象数据。需要对其进一步处理才能得到可用的查询结果，因此还需要读取对象中的数据，转化为数组。代码如下：

```
// 当$mode=1，返回一维数组；当$mode=2，返回二维数组
public function query($sql, $mode)
{
    $result = $this->exeSql($sql);
    if($mode == 1)
        return mysqli_fetch_array($result);
    else
    {
        while($row = mysqli_fetch_array($result))
        {
            $rows[] = $row;
        }
        return $rows;
    }
}
```

在上述代码中，定义了query()函数，根据第二个参数$mode的值，返回一维或二维数组。当$mode的值为1时，使用mysqli_fetch_array()函数读取一次查询结果集，返回一维数组；当$mode的值为2时，通过while语句重复执行mysqli_fetch_array()函数，每次执行都会返回一个一维数组，把该数组存储到二维数组$rows中，最终返回这个数组就完成了多条数据的处理。

⑥ 限制服务器端脚本实例化多个dbHelper类的对象。

任务6.2-2 单例模式

数据库操作类用来提供对数据库的相关操作，使用的时候需要实例化数据库对象。但实例化一个数据库对象就需要连接一次数据库、获取连接资源。下面通过单例模式来限制服务器中只有一个数据库操作类的对象。

通过单例模式，可以做到一个类只能被实例化一次。首先在定义数据库操作类的成员属性的时候，添加一个私有静态成员，代码如下：

```php
// 保存数据库操作类的对象
public static $instance;
```

接下来私有化构造方法，代码如下：

```php
// 私有化构造方法，可以防止类在外部被实例化，但可以在类内实例化
private function __construct($conf)
{
    ...
}
```

然后添加一个静态成员方法，作为获取单例对象的公共接口，通过类访问这个静态方法来实例化对象，代码如下：

```php
// 类的入口函数
public static function getInstance($conf)
{
    // 检测当前类属性$instance是否已经保存了当前类的实例
    if(!self::$instance instanceof self)
    {
        // 如果没有，则创建当前类的实例
        static::$instance = new self($conf);
    }
    // 如果已经有了当前类实例，就直接返回，不要重复创建类实例
    return static::$instance;
}
```

在上述代码中，定义了静态成员方法getInstance()。该方法是实现限制多次实例化的关键步骤。首先判断静态属性$instance是否保存了当前类的实例，如果没有则使用new调用构造函数实例化本类。由于是在类的内部实例化，因此私有的构造函数就得以执行。如果$instance已经保存有当前类的实例，则直接返回$instance即可。

最后还需要进行一步操作，就是把克隆方法声明为私有的。代码如下：

```php
// 私有化克隆函数，防止外界克隆对象
private function __clone(){ }
```

⑦ 编写代码测试数据库操作类。

新建init.php文件，输入如下代码：

```
$config = array(
    'host' => 'localhost',
    'user' => 'root',
    'password' => '',
    'database' => 'dbnews',
    'charset' => 'set names utf-8'
);
```

引用init.php文件，调用入口函数创建数据库操作类的对象，通过对象调用查询函数返回二维数组，并打印出来，代码如下：

```
// 引用config.php数据库连接配置文件
require_once '../lib/config.php';
// 通过入口函数创建数据库操作类的对象
$db = dbHelper::getInstance($config);
// 构造一条SQL查询语句
$sql = "select * from type";
// 调用查询函数，返回二维数组
$rows = $db->multipleQuery($sql);
print("<pre>");                    // 格式化输出数组
print_r($rows);
print("</pre>");
```

程序运行结果如图6-13所示。

图6-13　查询测试结果

●●●● 任务6.3　静态工具类 ●●●●

任务描述

在项目开发中，有些功能可能会被频繁地调用。例如：商品添加、删除、修改等操作执行成功或失败时，提示相关信息并跳转到指定页面；需要显示时间时，把时间进行格式化输出；显示中文字符串时，按照要求截取指定长度的字符串；等等。

这些功能实际上就是一个个函数，但是过多的函数容易导致重名，并且不易于管理。因此可以声明一个工具类，让这些功能成为工具类的成员方法。不过一般的成员方法需要通过对象来调用，而这些功能实际上与对象本身并没有太大关联，那么如何不进行实例化而调用这些方法呢？PHP就提供了静态成员方法来帮助我们解决这类问题。

接下来就通过一个静态工具类来学习静态成员的使用。

知识储备

1. 声明静态成员

在类成员定义的前面加上static关键字，此成员就被定义为静态成员。静态成员的特点是它属于类，而不是某个对象，所以，也称静态成员为类成员。而相对应的，非静态成员则称为实例成员。

在PHP中，类的静态成员同样分为属性和方法。与一般成员的声明语法类似，唯一的区别是需要使用static关键字将其声明为静态成员。定义静态成员的语法格式如下：

```php
// 定义静态属性
public static $name;
// 定义静态方法
public static function call(){}
```

类的静态成员具有以下特点：

① 类的静态方法只能访问静态成员变量，而不能访问非静态成员变量。
② 静态成员变量不需要实例化就能访问，且访问速度快一些。
③ 类的静态成员变量只属于这个类，但类的所有实例共享这个静态成员变量。

2. 静态成员的访问

在类的内部，可以使用类名、self、static三种方式访问类的静态成员；在类的外部，则只能用类名的方式访问。语法格式如下：

```
类名::静态成员
self::静态成员
static::静态成员
```

访问静态成员与普通成员有一定区别。区别示例如例6-4所示。

【例6-4】model.php。

```php
class model
{
    // 定义静态成员num
    public static $num = 0;
    // 定义普通成员count
    public $count = 0;
    public function __construct()
    {
        self::$num++;
        $this->count++;
        echo "我是静态成员num,现在是第".static::$num.'个对象<br>';
```

```
        echo '我是普通成员count='.$this->count.'<br>';
    }
}
$t1 = new model();
$t2 = new model();
$t3 = new model();
```

任务6.3 静态工具类

程序运行结果如图6-14所示。

上述代码定义了一个静态成员 $num 和一个非静态成员 $count，然后实例化了三个对象。静态成员 $num 不属于任何对象，但类的所有实例共享这个静态成员变量，所以每次新建对象都会调用构造函数进行 $num++。$count 只是当前对象的成员，会单独分配存储空间，和其他对象无关。每次执行构造函数都会执行一次 $this->count++。

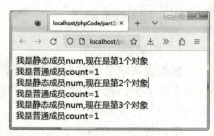

图 6-14 静态成员示例

任务实施

① 新建tools文件，创建tools类，代码如下：

```
class tools
{
}
```

② 添加alertGo()函数。该函数在某个操作成功时跳转到指定的页面时调用，弹出一个提示框，显示 $MSG 传递的消息，并跳转到 $URL 地址指定的页面。代码如下：

```
public static function alertGo($MSG, $URL)
{
    echo "<script>alert('".$MSG."');location='".$URL."';</script>";
}
```

③ 添加alertBack()函数。该函数在某个操作失败时返回到上一个访问的页面时调用，弹出一个提示框，显示 $MSG 传递的消息，并跳转上一个访问的页面。代码如下：

```
public static function alertBack($MSG)
{
    echo "<script>alert('".$MSG."');window.history.go(-1);</script>";
}
```

④ 添加alertClose ()函数。该函数在某个操作成功完成需要关闭页面时调用，弹出一个提示框，显示 $MSG 传递的消息，并关闭页面。代码如下：

```
public static function alertClose($MSG)
{
    echo "<script>alert('".$MSG."');window.close();</script>";
}
```

⑤ 添加 cutBadStr() 函数。该函数在 SQL 语句中含有大量的特殊字符时调用，比如新闻信息的添加需要过滤掉特殊字符。代码如下：

```php
// 替换特殊字符
public static function cutBadStr($inputStr)
{
    $inputStr = str_replace(",", "■", $inputStr);
    $inputStr = str_replace("'", "∴", $inputStr);
    $inputStr = str_replace("'", "∴", $inputStr);
    $inputStr = str_replace("<", "&lt", $inputStr);
    $inputStr = str_replace(">", "&gt", $inputStr);
    return $inputStr;
}
```

⑥ 添加 htmlStr() 函数。该函数与 cutBadStr() 函数的操作相反，用于数据显示时的反向替换。代码如下：

```php
// 反向替换
public static function htmlStr($strContent)
{
    $strContent = str_replace("■", ",", $strContent);
    $strContent = str_replace("∴", "'", $strContent);
    $strContent = str_replace("&lt", "<", $strContent);
    $strContent = str_replace("&gt", ">", $strContent);
    $strContent = str_replace("<;", "<", $strContent);
    $strContent = str_replace(">;", ">", $strContent);
    return $strContent;
}
```

素养园地

吕某某系北京某科技公司的IT高级工程师，负责该公司网络机房与服务器管理。2022年7月，吕某某从公司离职。因离职前曾与公司负责人员发生矛盾，吕某某怀恨在心。2023年5月18日晚，吕某某在家中使用其原有的管理员账号和密码修改管理员密码，并删除共享服务器磁盘中的数据和操作日志。2023年5月19日，北京某科技公司发现大量工作数据丢失，影响正常工作开展，后为恢复数据共计花费12万余元。2023年9月27日，北京市昌平区检察院对吕某某以非法控制计算机信息系统罪提起公诉。2023年11月8日，北京市昌平区法院作出一审判决，以非法控制计算机信息系统罪判处吕某某有期徒刑3年，缓刑5年，罚金3万元。

这个案例告诫我们，作为企业员工应该具备以下重要品质：

• 职业道德与忠诚度：员工应对公司保持高度的忠诚和职业操守，不因个人恩怨或矛盾而损害公司的利益。

• 法律意识与合规性：员工应增强法律意识，了解并遵守国家关于计算机信息系统安全的相关法律法规。不进行任何违法活动，如非法侵入、破坏或篡改计算机信息系统中的数据。

- 责任心与责任感：员工应对自己的工作负责，确保在任期内妥善保管和使用工作权限。在离职时，主动归还或注销所有与工作相关的权限和账号，确保公司资产的安全。
- 诚信与公正：员工应始终保持诚信，不隐瞒、不欺骗，不做损害公司或他人利益的行为。
- 安全意识与防范能力：员工应提高信息安全意识，了解常见的网络攻击手段和防范措施。
- 积极沟通与解决问题：员工在遇到问题时，应积极与公司沟通，寻求合理的解决方案。

●●●● 自我测评 ●●●●

一、填空题

1. PHP 提供了许多数据库扩展，常用的是_____、_____、_____。
2. 通过_____函数获取查询结果集中数据的行数。
3. 通过_____、_____、_____函数可以处理结果集。

二、判断题

1. INSERT 语句中不指定表的字段名添加数据时，添加的值的顺序必须和创建表时定义的字段顺序相同。（　　）
2. MySQL 数据表一旦创建成功，就不支持任何修改。（　　）
3. 修改数据时若未带 WHERE 条件，则表中的数据会被全部修改。（　　）
4. PDO 扩展只能操作 MySQL 数据库。（　　）
5. 类的静态成员的属性于类，而不是某个对象。（　　）

三、选择题

1. 下列选项中，（　　）是 MySQL 默认提供的用户。（单选）
   A. admin 　　B. test 　　C. root 　　D. user
2. 下列选项中，mysqli_fetch_array() 函数的默认返回值形式是（　　）。（单选）
   A. MYSQLI_ASSOC 　　B. MYSQLI_ROW
   C. MYSQLI_NUM 　　D. MYSQLI_BOTH
3. 下列选项中，不属于 PHP 数据库扩展的是（　　）。（单选）
   A. MySQL 　　B. mysql 　　C. mysqli 　　D. PDO

四、操作题

1. 完成某网上购物商城的需求分析，并进行数据库的概要设计和逻辑设计，完成设计文档的编写，最后在数据库中创建数据库 dbgoods，并在数据库中创建数据库表。
2. 连接 dbgoods 数据库，编写 add() 函数，向数据库表中插入三条以上的记录。
3. 调用 dbHelper 类中的查询函数，查询所有表中的数据，并以二维数组形式打印出来。

项目7 PHP与Web交互

📖 课前学习工作页

扫一扫侧边栏中的二维码,观看相关视频,完成下面的题目。

1. 简答题
① 页面上的数据如何提交到数据库?
② PHP表单提交数据的方式有几种,如何获取提交的数据?
③ 如何清除Session会话变量?

2. 选择题
① 读取post方法传递的表单元素值的方法是(　　)。(单选)
　A. $_post["名称"]　　　　　　　　B. $_POST["名称"]
　C. $post["名称"]　　　　　　　　 D. $POST["名称"]
② 表单中单选标签的type属性值是(　　)。(单选)
　A. checkbox　　B. radio　　C. select　　D. check
③ 当把一个有两个同名元素的表单提交给PHP脚本时会发生什么?(　　)。(单选)
　A. 第二个元素将自动被重命名
　B. 第二个元素将覆盖第一个元素
　C. 它们组成一个数组,存储在全局变量数组中
　D. 第二个元素的值加上第一个元素的值后,存储在全局变量数组中
④ 创建Cookie会话的函数是(　　)。(单选)
　A. cookie()　　　　　　　　　　　B. cookies
　C. setcookie()　　　　　　　　　 D. setcookies()
⑤ Session会话的值存储在(　　)。(单选)
　A. 硬盘上　　B. 网页中　　C. 客户端　　D. 服务器端

用户信息交互

Session

Cookie

limit的运用

📋 课堂学习任务

新闻发布系统后台主要实现用户登录、用户信息以及新闻信息的添加、删除、修改、分页显示、后台权限控制等功能。通过PHP与Web表单交互技术、Web会话技术的学习,实现用户后台信息的管理。

本项目将详细讲解PHP的表单及常用的表单元素、PHP处理表单数据、Cookie技术、Session技术等知识点,设置了以下任务:

任务 7.1　用户信息添加
任务 7.2　用户登录与权限管理
任务 7.3　使用 Cookie 实现自动登录
任务 7.4　退出登录
任务 7.5　添加新闻信息
任务 7.6　新闻信息的分页显示
任务 7.7　新闻信息的批量删除
任务 7.8　新闻信息的修改

学习目标

知识目标	理解 PHP 表单的基本结构和常用表单元素（如文本框、单选框、复选框、下拉菜单等），掌握如何创建和处理这些表单。 学习如何使用 PHP 处理表单数据，包括数据验证、清理和安全处理，理解 GET 与 POST 方法的区别和使用场景。 掌握 Cookie 的基本概念及其在客户端存储数据的应用，学习如何设置、获取和删除 Cookie。 理解 Session 的原理及其与 Cookie 的区别，掌握在 PHP 中创建、管理和销毁 Session 的方法。 掌握使用 SQL 中的 LIMIT 子句实现分页查询的方式，了解如何在 PHP 中结合数据库进行数据分页。 学习 KindEditor 的基本使用，包括如何集成到 PHP 项目中、基本配置和操作，以及如何处理其上传文件功能
能力目标	能够独立创建和处理各种 PHP 表单，实现数据的有效采集和处理。 熟练运用 PHP 对表单数据进行验证和清理，确保数据的安全性和有效性。 能够应用 Cookie 和 Session 技术，实现用户状态管理和数据持久化。 能够实现高效的分页查询，提升数据展示的用户体验。 掌握 KindEditor 的集成与使用，能够在项目中实现富文本编辑功能，处理上传和格式化文本
素质目标	培养良好的编码习惯，重视数据安全和用户隐私，增强对表单数据处理的责任感。 提高解决实际问题的能力，能够灵活运用所学知识处理不同场景下的需求。 强化团队协作精神，鼓励知识分享与代码评审，提升整体开发能力。 培养持续学习的意识，关注新技术的发展，保持对前端和后端技术的敏感度。 增强用户体验意识，从设计和实现角度考虑如何优化表单和数据交互界面

任务 7.1　用户信息添加

任务描述

新闻发布系统后台中，需要利用表单以及表单元素设计用户提交界面，设置表单的提交属性，编写用户提交函数，实现用户信息提交到 MySQL 数据库中。

下面通过 PHP 与 Web 表单知识的学习完成用户信息的添加功能。

知识储备

1. Web 表单

Web 表单是通过 <form> 标记来创建的。例如，下面的代码是一个简单的表单：

```
<form action="../lib/user.php" method=POST>
    <input type = "text" name = "username" />
    <input type = "password" name = "password"/>
    <input type = "submit" value = "提交"/>
</form>
```

在上述代码中，<form>标记的method属性表示请求方式，有GET和POST两种方式。action属性表示请求的目标地址，即处理提交数据的文件，一般用相对路径。如果省略action属性，表单则提交给当前页面。<form>标记中的<input type="submit">是一个提交按钮，当单击按钮时，表单中具有name属性的元素会被提交，提交数据的参数名为name属性的值，参数值为value属性的值。

2. 常用的表单元素

在HTML表单控件中，除了文本框，还有单选按钮、下拉菜单和复选框、提交按钮等控件，用于满足表单中的各种填写需求。下面列举这几种类型的表单控件的使用。

（1）文本框

文本框通过<input type="text">标签来设定。当用户要在表单中输入字母、数字等内容时，就会用到文本域。文本域type可以设置为text（文本框）、password（密码框）、hidden（隐藏）等模式。以下为文本框的示例代码：

```
<input type = "text" name = "username">
```

表单提交数据后根据name属性获取用户输入的文本框的值。

（2）下拉框

下拉框通过<select>和里面的<option>标签来设定，通常用来输入指定范围的数据集合，防止用户输入无效的数据。示例代码如下：

```
<select name = "province">
    <option value = "">选择一个省份:</option>
    <option value = "广东">广东</option>
    <option value = "湖南">湖南</option>
    <option value = "湖北">湖北</option>
</select>
```

表单提交数据后根据name属性获取用户选取的<option>对应的value值。

（3）复选框

复选框通过<input type="checkbox">标签来设定。复选框可以选择多个值，因此设置name属性通常设置为skills[]，表单提交数据后根据name属性获取用户选取的checkbox的value值，以数组方式接收。代码如下：

```
<input type = "checkbox" name = "skills[]" value = "PHP">PHP<br>
<input type = "checkbox" name = "skills[]" value = "C++">C++<br>
<input type = "checkbox" name = "skills[]" value = "JAVA">JAVA<br>
```

（4）单选框

单选框通过<input type="radio">标签来设定。单选框的name要设置相同才能成为一

组,实现只能选择一个值,表单提交数据后根据 name 属性获取用户选取的 value 值。代码如下:

```
<input type = "radio" name = "sex" value = "男">男<br>
<input type = "radio" name = "sex" value = "女">女
```

(5)提交按钮

提交按钮通过<input type="submit">标签来设定。表单要和 PHP 进行交互,form 中必须包含一个提交按钮。代码如下:

```
<input type = "submit" value = "提交"/>
```

3. 表单传值与接收

当 PHP 收到来自浏览器提交的表单后,表单中的数据会保存到预定义的超全局变量数组中。其中,通过 GET 方式发送的数据会保存到 $_GET 数组中;通过 POST 方式发送的数据会保存到 $_POST 数组中。

$_POST 和 $_GET 都是 PHP 中的超全局数组。超全局数组是 PHP 中特殊定义的数组变量,之所以称为超全局数组,是因为这些数组在脚本中的任何地方、任何作用域内都可以访问,如函数、类、文件等。PHP 中的超全局数组见表 7-1。

表 7-1 超全局数组

名称	描述
$GLOBALS	包含所有其他的超全局数组,在该数组添加的数据能实现全局可访问
$_GET	获得 GET 请求的参数
$_POST	获得 POST 请求的参数
$_REQUEST	记录通过各种方法传递给脚本的变量,特别是 GET、POST 和 COOKE。建议少用这个超级变量,因为它不够安全
$_COOKIE	读取 cookie 的值
$_SESSION	读写 session 的值
$_FILES	包含通过 POST 方法向服务器上传数据的有关信息
$_SERVER	包含了诸如头信息(header)、路径(path)及脚本位置(script locations)等信息的数组,数组中的项目由 Web 服务器创建
$_ENV	提供 PHP 解析所在服务器环境的有关信息

超全局变量数组 $_GET 和 $_POST 的使用和普通数组完全相同。接下来以 $_POST 为例讲解 PHP 如何获取来自 POST 方式发送的数据。代码如例 7-1 所示。

【例 7-1】POST.php。

```
<form action = "POST.php" method = POST>
    用户名:<input type = "text" name = "username"/>
    密码:<input type = "password" name = "password"/>
    <input type = "submit" value = "登录"/>
</form>
<?php
    if(!empty($_POST))
```

```
            var_dump($_POST);
?>
```

在以上代码中,设计了一个表单,设置传值方式为POST,action的值设置为当前文件,添加了两个文本框和一个提交按钮。接着在下面编写了一段PHP代码,通过empty()函数判断是否有POST数据提交,若有则通过var_dump()打印出来。

直接在浏览器中浏览文件,程序运行结果如图7-1所示。

在用户名和密码框中输入相关信息,单击"登录"按钮,程序运行结果如图7-2所示。

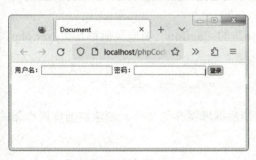

图 7-1　表单运行界面

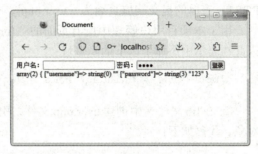

图 7-2　接收表单传值

通过程序运行结果来看,页面第一次加载,没有POST数据提交,因此不打印任何数据;输入用户名和密码,单击"登录"按钮后有POST数据提交了,通过POST提交的数据为数组格式。若要获取具体的数据,和数组的访问方式一致,比如获取用户名为$_POST['username']。

操作视频

任务7.1-1
Bootstrap界面
设计

任务实施

① 在news项目的admin文件夹中新建addUser.php文件,使用form表单以及表单元素,利用Bootstrap框架创建图7-3所示的用户信息添加界面。

图 7-3　用户信息添加界面

部分代码如下:

```
<form class = "form-horizontal " role = "form" action = "../lib/user.php" method = POST>
```

```
            ...
            <button type = "submit" class = "btn btn-default"><span class = "fa fa-floppy-o"> 提交</span></button>
            <a href = "userManage.php" class = "btn btn-default fa fa-undo"> 返回</a>
            <input type = "hidden" name = "action" value = "add">
        </form>
```

其中，所有"input"的"name"属性和数据库字段名设置一致，表单的传值方式为POST，表单的提交响应页面为"user.php"。

由于本项目用户管理中所有页面的"form"的"action"响应页面都是"user.php"，因此在表单中添加了以下的隐藏域：

```
<input type = "hidden" name = "action" value = "add">
```

任务7.1-2 用户信息添加

② 在lib文件夹中创建user.php文件，引用数据库操作类文件，创建数据库操作类的对象，代码如下：

```
require_once 'config.php';              // 引用数据库配置文件
require_once 'dbHelper.class.php';      // 引用数据库操作文件
require_once 'tools.php';               // 引用工具类文件
$db = dbHelper::getInstance($config);   // 创建数据库操作类的对象
class user{  }
```

③ 在user类中添加静态函数add()，编写用户信息添加功能，代码如下：

```
public static function add($logname, $password, $name, $power, $email, $tel)
{
    // 编写用户添加SQL语句
    $sql = "insert into users(logname,password,name,power,email,tel) values
        ('".$logname."','".md5($password)."','".$name."','".$power."',
'".$email."','".$tel."')";
    // 使用$GLOBALS引用全局变量db，调用exeSql()函数执行添加操作
    $result = $GLOBALS['db']->exeSql($sql);
    // 添加成功，调用tools类的alertGo函数跳转到用户管理列表页面
    if($result)
        tools::alertGo('添加成功！', '../admin/userManage.php');
}
```

在add()函数中传递了六个参数。由于id字段是自增的，因此不需要添加。首先利用传递的参数构造了用户添加的SQL语句，其中用户密码字段使用md5进行了加密，接着调用数据库操作类的exeSql()函数执行了SQL语句，最后调用tools类的alertGo()函数跳转到用户管理列表页面。

④ 在"user.php"文件中的类外面接收POST值，调用user类的add()函数。代码如下：

```
if(isset($_POST['action']))      // 判断是否有POST传递action
```

```
{
    switch($_POST['action'])
    {
        case 'add':
            user::add($_POST['logname'], $_POST['password'], $_POST['name'],
                      $_POST['power'], $_POST['email'], $_POST['tel']);
            break;
        default:
            ;
    }
}
```

以上代码中，根据POST传递的隐藏域action的值，若为add，则调用user类的静态函数add()，接收表单POST的数据，执行用户添加功能。

⑤ 输入用户信息，单击"提交"按钮，执行结果如图7-4所示。

图 7-4　用户信息添加

●●● 任务 7.2　用户登录与权限管理 ●●●

任务描述

用户登录是网站中最常见的功能之一，用户在网页中输入用户名和密码，然后提交表单，服务器就会验证用户名和密码是否正确，如果验证通过则用户登录成功，用户就可以使用这个账号在网站中进行其他操作。本案例将带领大家开发网站用户的登录功能。

下面通过Session技术的学习来完成新闻发布系统后台的登录及权限管理功能。

知识储备

1. Session技术

Session在网络应用中称为"会话"，是指用户在浏览某个网站时，从进入网站到关闭网站所经过的这段时间。Session技术是一种服务器端的技术，它的生命周期从用户访问页面开始，直到断开与网站的连接时结束。当PHP启动Session时，服务器可以为每个用户的浏览器创建一个供其独享的Session文件，通常用于保存用户登录状态、保存生成的验证码等。当服务器创建Session时，每一个Session文件都具有一个唯一的会话ID，用于标识不同的用户。会话ID分别保存在客户端和服务器端两个位置，在客户端通过浏览器Cookie来保存，在服务器端以文件的形式保存在了指定的Session目录中。若通过代码创建了Session，运行项目后，可通过浏览器Cookie查看会话ID，如图7-5所示。

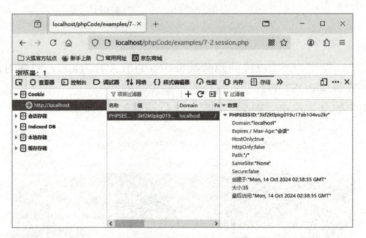

图7-5　通过浏览器Cookie查看会话ID

从图7-5中可以看出，由于通过代码创建了Session，PHP开启了Session，因此浏览器Cookie中就保存了会话ID，其名称为"PHPSESSID"。

在PHP中，Session文件的保存目录是可以通过php.ini修改的，其默认路径位于"C:\xampp\tmp"，打开这个目录可以查看Session文件，如图7-6所示。从图7-6中可以看出，服务器端保存了文件名为"sess_3kf2ktlpkg019u17ab104vu2kr"的Session文件。该文件的会话ID与浏览器Cookie中显示的会话ID一致，说明了这个文件只允许拥有会话ID的用户可以访问。

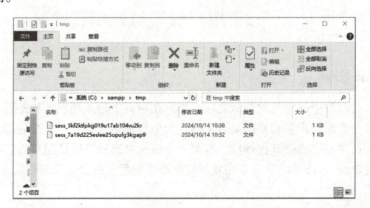

图7-6　查看服务器中的Session文件

2. Session的使用

在使用Session之前，需要先启动Session。通过session_start()函数可以启动Session，

启动后就可以通过超全局变量$_SESSION添加、读取或修改Session中的数据。下列的案例举了Session的基本使用,案例代码如例7-2所示。

【例7-2】session.php。

```
session_start();
if(isset($_SESSION['views']))
{
    $_SESSION['views'] = $_SESSION['views']+1;
}
else
{
    $_SESSION['views'] = 1;
}
echo "浏览量：". $_SESSION['views'];
```

程序运行结果如图7-7所示。

在上面的实例中,创建了一个简单的页面访问计数器。isset()函数检测是否已设置"$_SESSION['views']"变量。如果已设置"$_SESSION['views']"变量,累加计数器。如果"$_SESSION['views']"不存在,则创建"$_SESSION['views']"变量,并把它设置为1。

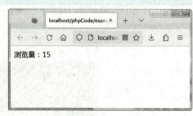

图7-7　页面访问量

如果想删除Session中的数据,可以用以下的方法:

```
session_start();              // 启动Session
unset($_SESSION['views']);    // 只能删除单个数据
$_SESSION = array();          // 删除所有Session数据
session_destroy();            // 结束当前会话
```

在上述代码中,使用$_SESSION=array()方式可以删除Session中的所有数据,但是Session文件仍然存在,只不过它是一个空文件。通常情况下,需要将这个空文件删除,此时可以通过session_destroy()函数来达到目的。

3. HTTP响应消息头

通过前面的学习,我们知道HTTP协议分为请求和响应。在通信时,浏览器会发出请求消息头,服务器会发出响应消息头。服务器通过请求消息可以获取浏览器的基本信息,同样,浏览器也可以通过响应消息获取服务器的基本信息。常见的HTTP响应消息头见表7-2。

表7-2　HTTP响应消息头

消　息　头	说　　明
Location	控制浏览器显示哪个页面
Server	服务器的类型
Content-Type	服务器发送内容的类型和编码类型
Last-Modified	服务器最后一次修改的时间
Date	响应网站的时间

虽然响应消息头由服务器自动发出，不过可以通过PHP的header()函数自定义响应消息头，具体代码如下：

```
// 设定编码格式
header('content-Type:text/html; charset = utf-8');
// 页面跳转
header('location:login.php');
```

以上列举的代码的原理就是发送自定义的HTTP响应消息头，当浏览器收到"Location"时，就会自动跳转到目标地址。

任务实施

① 在news项目的admin目录下新建login.php文件，使用form表单以及表单元素，利用Bootstrap框架创建图7-8所示的用户登录界面。

任务7.2-1 用户登录

图7-8 用户登录界面

部分代码如下：

```
<form class = "form-horizontal" role = "form" action = "../lib/user.php" method = POST>
    ...
    <input type = "submit" class = "button button-block bg-main text-big input-big"
    value = "登录">
    <input type = "hidden" name = "action" value = "login">
</form>
```

其中，所有input的name属性和数据库字段名设置一致。表单的传值方式为POST，表单的提交响应页面为user.php。

由于本项目用户管理中所有页面form的action响应页面都是user.php，因此在表单中添加了以下的隐藏域。代码如下：

```
<input type = "hidden" name = "action" value = "login">
```

② 在user类中添加静态函数login()，编写用户信息登录功能。代码如下：

```
public static function login($logname, $password)
{
    // 编写用户登录SQL语句
    $sql = "select * from users where logname = '".$logname."' and password = '".md5($password)."'";
    // 使用$GLOBALS引用全局变量db，调用query()函数执行查询操作
    $user = $GLOBALS['db']->query($sql, 1);
    if($user)
        // 登录成功，调用header()函数跳转到后台管理主页面
        header('location:../admin/index.php');
    else
        // 登录失败，调用tools类的alertGo()函数返回登录页面
        tools::alertGo('用户名或密码错误！', '../admin/login.php');
}
```

在login()函数中传递了两个参数，利用传递的参数构造了用户查询的SQL语句，其中，用户密码字段必须使用md5进行加密，和数据库中保存的加密密码进行对比。接着调用数据库操作类的query()函数执行了SQL语句，返回一个一维数组。若数组不为空则登录成功，跳转到后台主页面；若数组为空，则登录失败，调用tools类的alertGo()函数跳转到用户登录页面。

③ 在user.php文件中的类外面接收POST值，在switch语句中添加login分支，调用user类的login()函数。代码如下：

```
case 'login' :
    user::login($_POST['logname'], $_POST['password']);
    break;
```

以上代码中，根据POST传递的隐藏域action的值，若为login，则调用user类的静态函数login()，接收表单POST的数据，执行用户登录功能。

④ 后台登录权限管理。

在login()函数登录成功的if分支中使用会话变量Session保存用户信息，代码如下：

```
if($user){
    session_start();                    // 启用session
    $_SESSION['user'] = $user;          // 保存用户信息到$_SESSION['user']中
    // 登录成功，调用header()函数跳转到后台管理主页面
    header('location:../admin/index.php');
}
```

任务7.2-2 权限管理

在user.php文件的user类中添加validatePower()函数，使用isset()函数判断$_SESSION['user']是否为空。若为空则说明用户没有经过登录，跳转到登录页面。代码如下：

```
public static function validatePower()
{
    session_start();
```

```
        if(!isset($_SESSION['user']))
        {
            tools::alertGoParent('请登录!', 'login.php');
        }
    }
```

在index.php的body标签前调用validatePower()函数,判断用户是否登录。直接在浏览器中浏览index.php文件,运行结果如图7-9所示。

图7-9　用户未登录界面

在后台主页面index.php的右上角显示登录用户名,代码如下:

```
php echo $_SESSION['user']['logName'].',欢迎你!';
```

由于前面的代码中使用query($sql,1)返回的$user是一个一维数组,然后使用$_SESSION['user']=$user进行了Session赋值,因此Session中保存的是一个一维数组,包括当前登录成功的用户的信息,因此使用$_SESSION['user']['logName']获取用户名。注意数组的键logName的大小写一定要和数据库中的大小写保持一致,否则程序会报错。

⑤ 在浏览器中运行登录页面,输入用户名和密码,单击"提交"按钮。若登录失败则弹出"用户名或密码错误",如图7-10所示。单击"确定"按钮后返回登录页面。

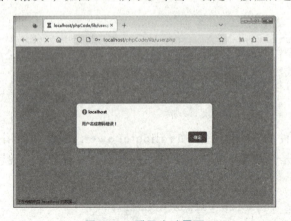

图7-10　登录失败界面

若登录成功则跳转到图 7-11 所示的后台管理主页面。

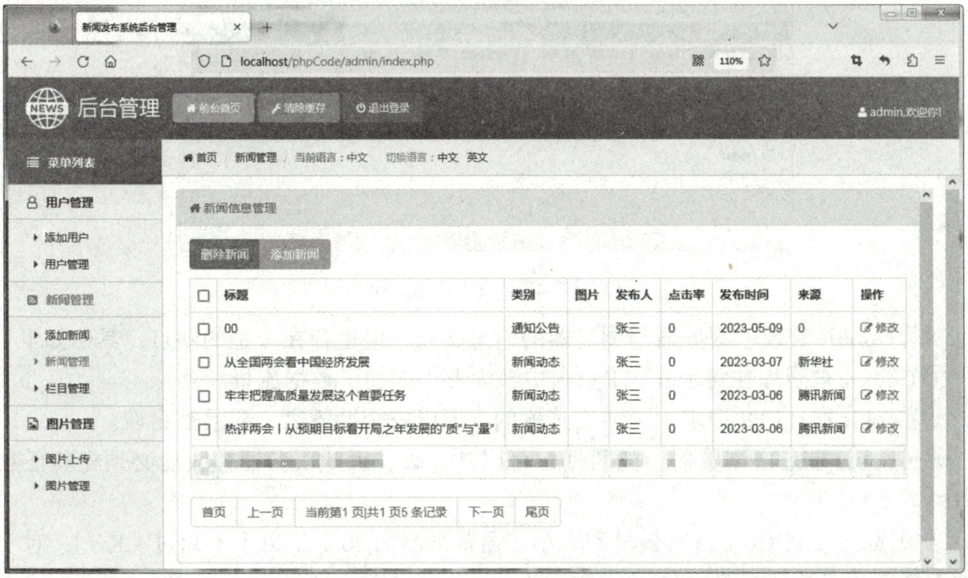

图 7-11 后台管理主界面

●●● 任务 7.3　使用 Cookie 实现自动登录 ●●●

任务描述

当用户浏览一个网站时，为了保存用户的数据，网站通常会要求用户注册一个账号，然后将用户数据保存到数据库中。但是大多数网站并不强制要求访客注册账号，为此我们还可以通过浏览器的 Cookie 机制记住用户的数据。本任务将带领大家使用 Cookie 保存用户名、密码，然后读取 Cookie 信息实现自动登录。

下面通过案例来学习 Cookie 的使用。

知识储备

1. Cookie 技术

Cookie 是网站为了辨别用户身份而存储在用户本地终端上的数据。因为 HTTP 协议是无状态的，即服务器不知道用户上一次做了什么，这严重阻碍了交互式 Web 应用程序的实现。Cookie 就是解决 HTTP 无状态性的一种技术，服务器可以读取 Cookie 中包含的信息，借此可以跟踪用户与服务器之间的会话状态，通常应用于保存浏览历史、保存购物车商品和保存用户登录状态等场景。

对于普通用户来说，Cookie 是不可见的，但 Web 开发者可以通过开发者工具（按【F12】快捷键）查看 Cookie。在开发者工具中切换到"网络"→"Cookie"，如图 7-12 所示。

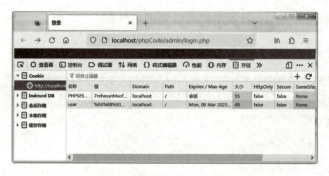

图 7-12　查看 Cookie

尽管 Cookie 实现了服务器与浏览器的信息交互，但也存在一些的缺点，具体如下：

① Cookie 被附加在每个 HTTP 请求中，无形中增加了数据流量。

② Cookie 在 HTTP 请求中是明文传输的，所以安全性不高，容易被窃取。

③ Cookie 是来自浏览器中的数据，可以被篡改，因此服务器接收后必须先验证数据合法性。

④ 浏览器限制 Cookie 的数量和大小（通常限制为 50 个，每个不超过 4 KB），对于复杂的存储需求来说是不够用的。

2. Cookie 的创建

Cookie 在用户的计算机中是以文件形式保存的，浏览器通常会提供 Cookie 管理程序。以火狐浏览器为例，执行"设置"→"隐私与安全"→"Cookie 与网站数据"可以找到 Cookie 的管理程序，如图 7-13 所示。

图 7-13　管理 Cookie 数据

在 PHP 中，使用 setcookie() 函数可以创建或修改 Cookie，其声明方式如下：

```
int setcookie(string name, string value, int expire, string path, string domain, int secure)
```

setcookie()函数的参数说明见表7-3。

表7-3 setcookie()函数的参数说明

参数名称	参数说明
name	必需,规定Cookie的名称
value	必需,规定Cookie的值
expire	可选,规定Cookie的过期时间。 time()+3600*24*30将设置Cookie的过期时间为30天。如果没有设置这个参数,那么Cookie将在Session结束后(浏览器关闭时)自动失效
path	可选,规定Cookie的服务器路径。如果路径设置为"/",那么Cookie将在整个域名内有效。如果路径设置为"/test/",那么Cookie将在test目录下及其所有子目录下有效。默认的路径值是Cookie所处的当前目录
domain	可选,规定Cookie的域名。为了使Cookie在example.com的所有子域名中有效,需要把Cookie的域名设置为example.com。当把Cookie的域名设置为www.example.com时,Cookie仅在www子域名中有效
secure	可选,规定是否需要在安全的HTTPS连接下传输Cookie。如果Cookie需要在安全的HTTPS连接下传输,则设置为true,默认是false

接下来通过代码演示setCookie()函数的使用,代码如下:

```
setcookie('goodsid', '12');                          // 未指定过期时间,在会话结束时过期
setcookie('goodsid', '12', time() + 1800);           // 半小时后过期
setcookie('goodsid', '12', time() + 60 * 60 * 24);   // 一天后过期
// path设置为'/',整个域名内有效
setcookie('goodsName', '手机', time() + 60 * 60 * 24, '/');
// path设置为'/admin',服务器目录下的/admin/目录及其子目录内有效
setcookie('goodsName', '笔记本电脑', time() + 60 * 60 * 24, '/admin/');
```

上述代码演示了如何用setcookie()函数设置一个名为goodsid的Cookie。该函数的第三个参数是时间戳,当省略时,Cookie仅在本次会话有效,当用户关闭浏览器时会话就会结束。

setcookie()函数的默认路径path是当前目录。若不设置该参数,则其他目录下的文件不能访问Cookie;如果该参数设为"/",Cookie就在整个站点根目录内有效;如果设为"/admin/",Cookie就只在站点根目录下的"/admin/"目录及其子目录内有效。

3. Cookie的读取

前面学习过PHP的超全局变量,当浏览器向服务器发送请求时,会携带GET、POST和Cookie数据,因此通过$_COOKIE数组即可获取Cookie数据。具体示例如下:

```
// 判断COOKIE中是否存在goodsid数据
if(isset($_COOKIE['goodsid'])){
    $goodsid = $_COOKIE['goodsid'];    // 从COOKIE中获取goodsid数据
}
else{
    echo 'COOKIE中的goodsid不存在';
}
```

从上述代码中可以看出,$_COOKIE数组的使用和$_GET、$_POST基本相同。需要注意的是,当PHP第一次通过setcookie()创建Cookie时,$_COOKIE中没有这个数据,

只有当浏览器下次请求并携带 Cookie 时，才能通过 $_COOKIE 获取到该数据。

4. Cookie 的删除

删除 Cookie 可以调用只带有 name 参数的函数 setcookie()，然后将失效时间设置为 time() 或 time()-1，常用代码如下：

```
setcookie('goodsid', '', time() - 1);      // 删除name为goodsid的Cookie
setcookie('goodsName', '', time() - 1);    // 删除name为goodsName的Cookie
```

操作视频

任务7.3 使用 Cookie 实现自动登录

任务实施

① 用户登录成功后，使用 Cookie 保存用户信息，在前面用户登录函数 login() 中添加如下代码：

```
$expired = time() + 60 * 60 * 24;                        // 设置Cookie有效期为1天
setcookie('logname', $logname, $expired, '/');           // 添加用户信息到Cookie
setcookie('password', $password, $expired, '/');
```

② 在登录页面判断判断 "$_COOKIE['logname']" 和 "$_COOKIE['password']" 值是否存在。若存在，则调用登录函数执行登录，实现自动登录功能。代码如下：

```
require_once '../lib/user.php';                // 引入user.php文件
// 判断Cookie值是否存在，若存在，则自动登录
if(isset($_COOKIE['logname']) && isset($_COOKIE['password']))
    user::login($_COOKIE['logname'], $_COOKIE['password']);
```

③ 在浏览器中打开 login.php 页面，输入用户名密码，登录成功后跳转到后台主页面。关闭浏览器，再次打开 login.php 页面，则执行了自动登录，直接跳转到后台主页面。按【F12】快捷键打开火狐浏览器的"Web 开发者工具"，可以看到 Cookie 中保存了 logname 和 password，如图 7-14 所示。

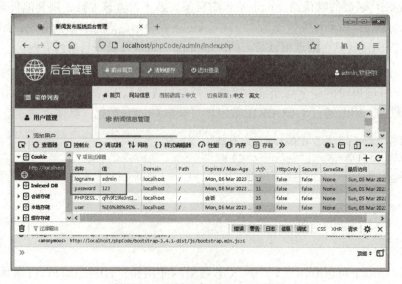

图 7-14 查看保存的 Cookie 数据

任务 7.4 退出登录

任务描述

退出登录是所有管理系统中必备的功能,当管理员在后台操作完之后需要退出系统,结束当前会话,防止其他人员篡改后台数据。

知识储备

1. isset()与empty()函数

（1）isset()函数

用于检测变量是否已设置并且非NULL。变量不存在,返回false；如果已经使用unset()函数释放了一个变量之后,再通过isset()函数判断,将返回false；若使用isset()函数测试一个被设置成NULL的变量,也将返回false。示例代码如下：

```
$a = NULL;
var_dump(isset($a));    // a变量已赋值,但是被设置成NULL,故返回false
var_dump(isset($b));    // 内存中不存在变量b,故返回false
$c = 10;
unset($c);
var_dump(isset($c));    // unset变量$c之后,返回false
```

（2）empty()函数

empty()函数用于检查一个变量是否为空,判断一个变量是否被认为是空的。当一个变量并不存在,或者它的值等同于false,那么它会被认为不存在,返回true。如果变量不存在的话,empty()函数并不会产生警告。示例代码如下：

```
var_dump(empty(""));          // 返回true
var_dump(empty(0));           // 返回true
var_dump(empty(NULL));        // 返回true
var_dump(empty(false));       // 返回true
var_dump(empty(array()));     // 返回true
var_dump(empty($a));          // 变量不存在,返回true
$b = 10;
var_dump(empty($b));          // 存在且有值的变量,则返回false
```

> **小提示：**
> isset()与empty()函数都是用来判断变量是否存在的,都会返回布尔值。但是两者的判断条件有些许差异：在使用empty()函数判断时,""、0、"0"、NULL、false、array()以及没有任何属性的对象都将被认为是空的；而在使用isset()函数判断时,如果变量不存在、变量存在且其值为NULL,返回false,如果变量存在且值不为NULL,则返回true。

2. Session的清空

在程序设计中,通常要清空Session。Session的清空主要包含数据的清空和会话文件的删除。

（1）删除Session变量

单个Session变量数据的清空,可以使用unset()函数。示例如下：

```
unset($_SESSION['xxx'])
```

多个Session变量数据的清空,可以使用如下方法：

```
session_unset()
```

或

```
$_SESSION = array()
```

以上两种方式都可以释放当前在内存中已经创建的所有Session变量,但不删除Session文件以及不释放对应的sessionID,当前会话连接还保持着,在不关闭浏览器的情况下再创建别的Session后继续使用该sessionID保持会话。

(2) session_destroy()函数

session_destroy()函数结束当前的会话,并清空会话中的所有资源。但内存中的Session变量内容依然保留,但保留的这部分Session变量已经没有sessionID来保持会话了。PHP默认的Session是基于Cookie的,如果要删除Cookie的话,必须借助setcookie()函数。

因此,完整的Session清空代码如下:

```
session_start();              // 启用Session
    $_SESSION = array();          // 清空Session里面的内容
    if(isset($_COOKIE[session_name()])){
        // 如果是基于Cookie的Session,删除保存在客户端的sessionID
        setcookie(session_name(), '', time() - 1, '/');
    }
    session_destroy();            // 彻底删除Session
```

以上代码中,首先使用$_SESSION=array()清空了所有的Session变量数据,然后使用session_destroy()结束会话,删除会话文件。并使用setcookie()函数删除了基于Cookie的Session。session_name()用于获取当前会话的Session名称。

操作视频

任务7.4 退出登录

任务实施

① 在后台主页面中添加表单,设置表单的action属性为user.php,在表单里面添加submit提交按钮,添加隐藏的action,value为logout。部分关键代码如下:

```
<form action = "../lib/user.php" method=POST>
    ...
    <button type = "submit" class = "...">退出登录</button>
    <input type = "hidden" name = "action" value = "logout">
</div>
</form>
```

② 在user类中添加静态函数logout(),编写用户注销功能。代码如下:

```
//用户注销函数
public static function logout()
{
    session_start();              // 启用Session
    $_SESSION = array();          // 清空Session里面的内容
    if(isset($_COOKIE[session_name()])){
```

```
        // 如果是基于Cookie的Session，删除保存在客户端的sessionID
        setcookie(session_name(), '', time() - 3600, '/');
    }
    session_destroy();         // 彻底删除Session
    // 由于前面设置了自动登录功能，因此Cookie也需要清空
    setcookie('logname', '', time() - 1, '/');
    setcookie('password', '', time() - 1, '/');
    header('location:../admin/login.php');
}
```

在以上的logout()函数中，使用$_SESSION=array()清空所有Session里面的数据。如果是基于Cookie的Session，删除保存在客户端的sessionID，然后使用session_destroy()结束会话。由于前面设置了自动登录功能，因此，通过设置有效期为time()-1的方式清空Cookie。

③ 在user.php文件中的类外面接收POST值，在switch语句中添加logout分支，调用user类的logout()函数。代码如下：

```
case 'logout' :
    user::logout();
    break;
```

④ 用户登录进入后台后，单击"退出登录"按钮，则退出到登录界面。通过浏览器的后退菜单也无法返回到后台主界面。

任务 7.5　添加新闻信息

任务描述

在新闻发布系统中，后台可以添加新闻信息。添加时可以对新闻信息的内容进行在线编辑，因此需要引入在线编辑插件来编辑新闻信息的正文。

下面通过KindEditor插件的引用、SQL语句的拼接来实现新闻信息的添加功能。

知识储备

1. 富文本

富文本（rich text，或者称为富文本格式），简单来说就是在文档中可以使用多种格式，如字体颜色、图片和表格等。它是相对纯文本（plain text）而言的，比如Windows上的记事本就是纯文本编辑器，而Word就是富文本编辑器。

在Web编程中，一般的文本内容通过文本框、文本区等表单控件就可以输入。但如果想完成图文混排（如发表文章等）功能，就需要富文本编辑器。

富文本编辑器不同于纯文本编辑题，程序员可到网上下载免费的富文本编辑器内嵌于自己的网站或程序中（当然付费的富文本编辑器的功能会更强大些），方便用户编辑。比较好的富文本编辑器有KindEditor、FCKEditor、UEditor等。

本节将介绍KindEditor。KindEditor是一套开源的在线HTML编辑器，主要用于让用户在网站上获得所见即所得编辑效果，开发人员可以用KindEditor把传统的多行文本输入框（textarea）替换为可视化的富文本输入框。KindEditor使用JavaScript编写，可以无缝地与Java、.NET、PHP、ASP等程序集成，比较适合在CMS、商城、论坛、博客、电子邮件等互联网应用上使用。

2. KindEditor的引用

KindEditor的引用非常简单，主要分为以下两步：

① 复制下载好的KindEditor文件夹，放到js文件夹中，在KindEditor找到PHP中的demo.php，复制相关引用代码到自己的页面中。注意正确设置相对路径。

```
<link rel = "stylesheet" href = "../js/kindeditor-4.1.7/themes/default/default.css" />
<link rel = "stylesheet" href = "../js/kindeditor-4.1.7/plugins/code/prettify.css" />
<script charset = "utf-8" src = "../js/kindeditor-4.1.7/kindeditor.js"></script>
<script charset = "utf-8" src = "../js/kindeditor-4.1.7/lang/zh_CN.js"></script>
<script charset = "utf-8" src = "../js/kindeditor-4.1.7/plugins/code/prettify.js"></script>
<script>
    KindEditor.ready(function(K){
        var editor1 = K.create('textarea[name = "content1"]', {
            cssPath:'../js/kindeditor-4.1.7/plugins/code/prettify.css',
            uploadJson:'../js/kindeditor-4.1.7/php/upload_json.php',
            fileManagerJson:'../js/kindeditor-4.1.7/php/file_manager_json.php',
            ...
</script>
```

② 在表单的合适位置加载编辑器的容器，代码如下：

```
<textarea name = "content1" style = "…"></textarea>
```

这里需要注意，textarea的name属性和K.create()函数中的name保持一致，都为content1，引用完成后在浏览器中能够看到图7-15所示的界面，则引用完成。

图 7-15　KindEditor 的引用

任务实施

① 新建addNews.php文件，利用Bootstrap框架技术、表单以及表单元素，设计图7-16所示的新闻添加界面。

操作视频
任务7.5-1 Kind Editor的引用

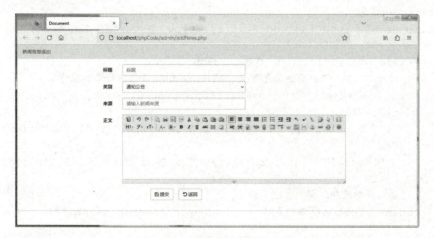

图7-16 新闻添加界面

所有表单的name属性和对应的数据库字段名设置一致。表单部分关键代码如下：

```
<form class = "form-horizontal" role = "form" action = "../lib/news.php" method = POST>
    ...
    <button type = "submit" class = "btn btn-default">提交</button>
    <input type = "hidden" name = "action" value = "add">
</form>
```

② 为了防止用户输入无效的新闻类别，新闻类别会动态加载数据库的数据。在news.php中的news类中添加getType()，动态生成新闻类别下拉框。代码如下：

操作视频
任务7.5-2 新闻类别自动加载

```
public static function getType()
{
    $sql = "select * from type";                          // 查询新闻类别数据
    $rows = $GLOBALS['db']->multipleQuery($sql);          // 执行查询，返回二维数组
    // 打印下拉框标签
    echo "<select name = 'type' class = 'form-control'>";
    foreach ($rows as $row)
    {
        echo "<option value = '".$row['id']."'>".$row['name']."</option>";
    }
    echo "</select>";
}
```

在以上代码中，查询type表的数据，返回二维数组，然后通过echo打印下拉框标签。注意option的value值绑定新闻类别的id，用于后面提交到新闻表中。

③ 在addNews的类别处调用getType()函数，动态生成类别下拉标签。代码如下：

```
require_once '../lib/news.php';
news::getType();
```

④ 在news类中添加静态函数add()，编写新闻信息添加功能。代码如下：

```
// 添加新闻信息
public static function add($title, $type, $source, $content)
{
    session_start();    // 启动session
    // 使用$GLOBALS引用全局变量db，调用execute函数执行添加操作
     $sql = "insert into news(title, typeid, source, content, ptime, userid, clicks)VALUES
           ('".$title."', '".$type."', '".$source."', '".tools::cutBadStr($content)."',
           '".date('Y-m-d',time())."','".$_SESSION['user']['id']."',0)";
    $GLOBALS['db']-> exeSql ($sql);
    // 添加成功跳转到新闻管理页面
    tools::alertGo('添加成功！','../admin/newsManage.php');
}
```

任务7.5-3 添加新闻信息

在add()函数中，传递了四个参数，利用传递的参数构造了用户查询的SQL语句，其中userID字段使用$_SESSION['user']['id']，发布时间字段使用date('Y-m-d',time())获取服务器当前时间，单击率赋默认值0，id为自增字段，不用传值。接着调用数据库操作类的exeSql()函数执行了SQL语句，若添加失败，会执行exeSql()中的错误代码，打印错误信息和拼接好的SQL语句，便于查询错误信息；若添加成功，则调用tools类的alertGo()函数跳转到新闻列表页面。

由于新闻正文利用富文本框传值，通常含有较多的特殊符号，导致图7-17所示的错误。

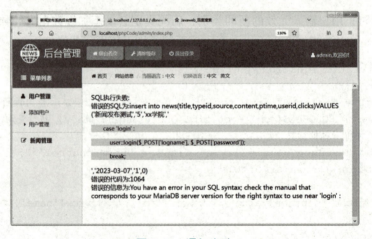

图7-17 添加失败

通过分析，失败是由于新闻正文内容复杂，通常包含一些影响SQL语句的特殊符号，因此调用tools工具类的cutBadStr($content)函数过滤掉特殊符号。

⑤ 调用添加函数。在news.php文件中的类外面接收POST值，在switch语句中添加add分支，调用news类的add()函数。代码如下：

```
case 'add':
    news::add($_POST['title'], $_POST['type'], $_POST['source'],
$_POST['content1']);
    break;
```

以上代码中，根据POST传递的隐藏域action的值，若为add，则调用news类的静态函数add()，接收表单POST的数据，执行新闻添加功能。

⑥ 由于新闻信息添加需要通过session获取用户的id，因此必须先在浏览器中打开登录页面，输入用户名、密码、验证码，登录进入后台，打开新闻添加页面，录入新闻信息，单击"添加"按钮，弹出图7-18所示的添加成功界面。

图7-18　添加成功界面

单击"确定"按钮，跳转到图7-19所示的新闻列表页面。

图7-19　新闻列表页面

任务 7.6　新闻信息的分页显示

任务描述

随着使用时间的增长，新闻信息系统中的数据逐渐变多，后台管理中大量的新闻数据一次性查询并显示的话，不仅效率不高而且没有意义。为了提高查询效率和用户体验，常用的做法就是将数据进行分页显示，每一页显示指定数量的新闻信息，当需要查看更多新闻信息时，单击"下一页"进行翻页查看即可。

接下来通过MySQL中的limit相关语法、URL传值实现新闻信息分页显示。

知识储备

1. 使用limit查询指定的记录

在MySQL的查询中，经常要返回前几行或者中间某几行数据，这时会用到limit，其语法如下：

```
select * from table name limit [offset,] rows
```

limit的参数说明如下：

- offset：指定第一个返回记录行的偏移量（即从哪一行开始返回）。注意：初始行的偏移量为0。
- rows：返回具体行的数量。

如果limit后面是一个参数，就是查询表中的前多少行记录。如果limit后面是两个参数，就是从offset+1行开始，检索rows行记录。示例代码如下：

```
// 检索前10行记录
select * from table name limit 10
// 从第6行开始，检索10行记录，即检索记录行6～15
select * from table name limit 5, 10
```

2. 使用limit进行分页

客户端通过传递 $pageIndex（当前页码）、$pageSize（每页显示的条数）两个参数去分页查询数据库表中的数据。MySQL数据库提供了分页的函数limit m,n，但是需要找出m、n与$pageIndex、$pageSize之间的关系，所以就需要我们根据实际情况去改写适合我们的分页语句。具体的分析如下：

假设每页显示10条记录，即$pageSize为10。

查询第1页第1～10条的数据的SQL语句为：

```
select * from table limit 0, 10      // $pageIndex=1   0=(1-1)*10
```

查询第2页第10条到第20条的数据的SQL语句为：

```
select * from table limit 10, 10     // $pageIndex=2   10=(2-1)*10
```

查询第2页第20～30条的数据的SQL语句为：

```
select * from table limit 20, 10    // $pageIndex=3  20=(3-1)*10
```

通过上面的分析，可以得出符合需求的分页SQL格式，如下：

```
select * from table limit ($pageIndex - 1) * $pageSize, $pageSize
```

3. GET页面传值

在Web软件开发的过程中，通常需要进行页面跳转，并传递值到另外一个页面。页面之间传递值主要有两种方法：一种是使用GET方式，通过URL地址传递参数；另外一种就是将参数存到一个公共的地方，所有页面都可以获取，如Session、Cookie。

使用GET传值时，其传递的值会附加到URL上，URL之后为所要传递的值。传递时，请求的页面与要传递的参数用"？"连接，若要传递多个参数，参数与参数之间用"&"连接。但GET传值的缺点在于：要传递的值会显示在URL上，这是非常不安全的，且URL长度有限，所以GET传值的数据量受到限制。对于少量的数据（如页码、文章编号），一般使用GET传值。示例代码如下：

```
<a href = "list.php?page = 1">get传值</a>
```

传递多个值时中间加"&"符号。示例代码如例7-3所示。

【例7-3】get.php。

```
<a href = "7-3 get.php?id = 12 & name = admin">get传值</a>
<?php
    // 判断有没有传值
    if(isset($_GET['id']) && isset($_GET['id'])){
    echo "<br>用户ID: ". $_GET['id'].'<br>';
    echo "用户名: ".$_GET['name'];
    }
?>
```

运行以上代码，单击超链接"get传值"，跳转到"7-3 get.php"页面，接收传值并打印出来。结果如图7-20所示。

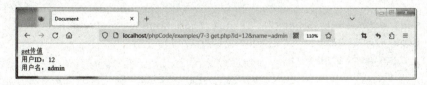

图7-20 get 传值

以上代码中，通过URL地址向7-3 get.php传递了id和name两个值。在7-3 get.php页面中，通过isset()函数判断有没有传值，若有传值，则使用超全局变量$_GET读取并打印出来。

任务实施

① 新建newsManage.php页面，引用Bootstrap框架相关文件，参考Bootstrap相关文

档,添加 Bootstrap 面板(Panels),在面板里面添加一个 Bootstrap 表格,设计如图 7-21 所示的新闻列表界面。

图 7-21 新闻列表界面

② 利用 limit 分页的思路,在 news 类中编写查询当前页新闻信息的静态函数 getCurrentNews(),代码如下:

```
// 查询当前页信息,传入参数:当前页码$pageIndex,页面大小$pageSize
// 返回二维数组
public static function getCurrentNews($pageIndex, $pageSize)
{
    $index = ($pageIndex - 1) * $pageSize; // 计算当前页查询的起始记录
    $sql = "select * from vnews order by id desc limit $index, $pageSize";
    $rows = $GLOBALS['db']->query($sql, 2);;
    return $rows;
}
```

由于新闻信息表中只有 typeID 和 userID,不包含用户名和类别名称,要查询完整的新闻信息,本函数从视图 vnews 中查询新闻列表。为了确保最新发布的新闻信息显示在列表的最前面,因为 id 是自增的,最新发布的新闻 id 最大,所以查询时使用了 order by id desc,使新闻列表根据 id 进行降序排列。

③ 在 news 类中编写查询新闻总记录数的静态函数 getNewsNum(),查询新闻信息的总记录数,用于分页时计算总页数。代码如下:

```
// 返回总记录数
public static function getNewsNum()
{
    $sql = "select count(*) as num from news";
    $row = $GLOBALS['db']->query($sql, 1);
    return $row['num'];
}
```

以上函数中,通过执行 SQL 语句,得到一个一维数组,读取一维数组中的 num 字段,直接返回一个整数。

④ 编写 page 类,添加静态函数 createPager(),完成分页栏的生成功能。代码如下:

```
// $url为当前页面,$count为总记录数
// $pageSize为每页显示的记录数,$pageIndex为当前页码
public static function createPager($url, $pageIndex, $count, $pageSize)
{
```

操作视频

任务7.6-1 分页链接

```
        // 计算总页数，使用ceil()函数向上取整
        $pageCount = ceil($count / $pageSize);
        // 计算上一页页码
        $forwardPage = $pageIndex > 1 ? $pageIndex - 1 : $pageIndex;
        // 计算下一页页码
        $nextPage = $pageIndex < $pageCount ? $pageIndex + 1 : $pageIndex;
        echo "<ul class = 'pagination'>";        // 调用Bootstrap样式
        echo "<li><a href = '$url ? page = 1'>首页</a></li>";
        echo "<li><a href = '$url ? page = $forwardPage'>上一页</a></li>";
        echo "<li><a href = '#'>当前第$pageIndex 页|共$pageCount 页$count 条记录
              </a></li>";
        echo "<li><a href = '$url ? page = $nextPage'>下一页</a></li>";
        echo "<li><a href = '$url ? page = $pageCount'>尾页</a></li>";
        echo "</ul>";
    }
```

在以上代码中，应用Boostrap中的分页（Pagination）样式，使用ul、li、a等标签设计一个分页栏，然后通过URL地址传递页码，因此分别需要获取首页、上一页、下一页、尾页的页码。

首页的页码为1；若当前页不是第一页，上一页的页码为当前页码$pageIndex-1；若当前页码不是最后一页，下一页的页码为当前页码$pageIndex+1；尾页的页码为总页数，使用ceil(总记录数/页面大小)来计算，其中ceil()为向上取整。比如101条记录，每页显示10条记录，100/10=10.1，通过向上取整，得到总页数为11。

操作视频

任务7.6-2新闻信息分页调用

⑤ 在newsManage.php页面中，引入相关类文件，获取分页的四个参数。代码如下：

```
<?php
require_once '../lib/news.php';
require_once '../lib/pager.php';
$url = 'newsManage.php';
if(isset($_GET['page']))
    $pageIndex = $_GET['page'];
else
    $pageIndex = 1;
$count = news::getNewsNum();
$pageSize = 10;
```

以上代码中，$url地址设置为当前页面，总记录数$count通过getNewsNum()获取，$pageSize设置为10。若当前页面第一次加载，则当前页面地址$pageIndex=1；若不是第一次加载，则通过$_GET['page']获取URL地址中的传值。注意此处的page需要和第④步中createPager()函数中的URL传值名称保持一致。

⑥ 在第⑤步的代码后面继续编写代码，调用getCurrentNews()函数，查询当前页的新闻信息，并使用foreach语句循环遍历，显示在表格中。代码如下：

```
$rows = news::getCurrentNews($pageIndex, $pageSize);
foreach($rows as $row)
{
?>
```

```
    <tr>
    <td><?php echo $row['title'];?></td>
    <td><?php echo $row['typeName'];?></td>
    <td><?php echo $row['name'];?></td>
    <td><?php echo $row['clicks'];?></td>
    <td><?php echo substr($row['ptime'],0,10);?></td>
    <td><?php echo $row['source'];?></td>
</tr>
<?php
}
?>
```

以上代码中,通过getCurrentNews()函数查询,返回二维数组 $rows。通过 foreach 语句每次取一条记录,存放到 $row 中,因此在循环中每次打印一对<tr>行标记,然后添加对应的<td>。通过 $row[字段名] 把数据显示在单元格中。注意此处 $row[] 中的字段名要和数据库表中的字段名大小写保持一致。

⑦ 在新闻显示列表的下方调用分页栏生成函数,如下:

```
createPager($url, $pageIndex, $count, $pageSize);
```

在浏览器中打开 newsManage.php 页面,显示效果如图 7-22 所示。

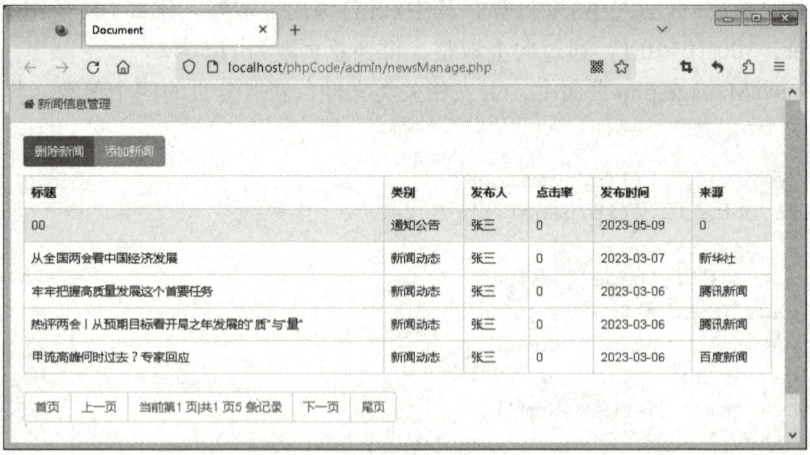

图 7-22 新闻分页显示

●●●●任务 7.7 新闻信息的批量删除 ●●●●

任务描述

在新闻发布系统中,后台需要对新闻信息进行删除,管理员通过多选框选取多篇新闻,单击"删除"按钮则可以批量删除新闻信息。

下面通过 checkbox 批量传值、JS 实现 checkbox 全选和反选功能来实现新闻信息批量

项目 7　PHP 与 Web 交互

删除功能。

1. checkbox批量传值

checkbox为一个多选框，因为要批量操作，所以checkbox的name必需以"[]"结尾，如name="id[]"。而在PHP中使用$_POST获取的时候，不需要加name的"[]"符号。案例代码如例7-4所示。

【例7-4】checkbox.php。

```php
<?php
if(isset($_POST['item']))
{
    $id = $_POST['item'];        // 若有传值，接收选中的id值
    echo '选中行的id号为：';
    foreach ($id as $v)
        echo $v.',';
}
?>
<form method = POST action = "7-4 checkbox.php">
    <table>
        <tr>
            <th><input type = "checkbox" name = "all"></th>
            <th>ID号</th>
            <th>姓名</th>
            <th>性别</th>
            <th>年龄</th>
        </tr>
        <tr>
            <td><input type = "checkbox" value = "1" name = "item[]"></td>
            <td>1</td>
            <td>张三</td>
            <td>男</td>
            <td>18</td>
        </tr>
        <tr>
            <td><input type = "checkbox" value = "2" name = "item[]"></td>
            <td>2</td>
            <td>李磊</td>
            <td>男</td>
            <td>18</td>
        </tr>
        <tr>
            <td><input type = "checkbox" value = "3" name = "item[]"></td>
            <td>3</td>
            <td>小明</td>
```

```
            <td>男</td>
            <td>18</td>
        </tr>
    </table>
    <input type = "submit" value = "提交">
</form>
```

在浏览器中浏览网页，并选取checkbox，单击"提交"按钮，程序运行结果如图7-23所示。

以上案例代码中，把表中数据行的checkbox的name属性设置为item[]，value属性设置为当前行id的值，设置form的method属性为POST，action属性为当前页面。

单击"提交"按钮后，通过$_POST['item']接收批量传递的id值，保存到数组$id中，然后通过遍历打印选中行的id。

图 7-23 checkbox 批量传值

任务7.7-1 全选与取消

2. JS实现checkbox全选和反选功能

在案例7-4的页面中添加如下代码，实现checkbox全选和反选功能。

```
<script>
    var all = document.getElementsByName('all');
    var item = document.getElementsByName('item[]');
    all[0].onclick = function()
    {
        for(var i = 0;i < item.length; i++)
        {
            item[i].checked=this.checked;
        }
    }
</script>
```

以上代码中，通过getElementsByName()函数分别获取表头和单元格中的checkbox标签元素，然后在表头的checkbox标签上添加onclick响应事件。在响应事件中，通过for循环把单元格中的所有checkbox的"checked"状态和表头checkbox的"checked"状态设置为一致。

任务实施

① 在新闻列表页面newsManage.php中添加form标记，内容包含整个新闻列表，并设置form的method属性值为POST，action属性链接到news.php代码页面。添加"删除新闻"按钮，添加隐藏域，name为action，value为delete。部分关键代码如下：

```
<form method = POST action = "../lib/news.php">
    <div class = "btn-group" style = "margin-bottom: 10px;">
        <input class = "btn btn-danger" value = "删除新闻" type = "submit">
```

```
            <input type = "hidden" name = "action" value = "delete">
...
</form>
```

② 在新闻列表页面newsManage.php新闻显示列表的表头和数据行中分别添加checkbox标签，并绑定id的值。利用例7-4中的JS代码实现新闻信息的全选与取消功能。

关键代码如下：

```
<th><input type = "checkbox" name = "all"></th>
<td><input type = "checkbox" name = "del[]" value = "<?php echo $row['id'];?>"> </td>
```

在以上代码中，注意name="del[]"中一定要添加"[]"，因为此次的checkbox为多个同名，需要批量传递id值。

③ 在news.php文件中的news类中添加静态函数delete()，编写新闻信息删除功能。代码如下：

操作视频

任务7.7-2 新闻信息的批量删除

```
// 批量删除新闻信息
public static function delete($id)
{
    foreach($id as $value)
    {
        $sql = "delete from news where id = ".$value;
        $GLOBALS['db']->exeSql($sql);
    }
    tools::alertGo("成功删除".count($id)."条记录!", '../admin/newsManage.php');
}
```

在delete()函数中，传递了一个参数$id。$id是一个一维数组，包含多条记录的id值，因此需要使用foreach循环取值，然后构造delete删除SQL语句，接着调用数据库操作类的exeSql()函数执行了SQL语句。若删除失败，会执行exeSql()中的错误代码，打印错误信息和拼接好的SQL语句，便于查询错误信息；若删除成功，则调用tools类的alertGo()函数跳转到新闻列表页面。

④ 调用删除函数。在news.php文件中的类外面接收POST值，在switch语句中添加delete分支，调用news类的delete()函数。代码如下：

```
case 'delete':
    news::delete($_POST['id']);
    break;
```

以上代码中，根据POST传递的隐藏域action的值。若为delete，则调用news类的静态函数delete()，接收表单POST的数据，执行新闻删除功能。

⑤ 在浏览器中打开新闻列表页面newsManage.php，选取要删除的记录，单击"删除"按钮，弹出图7-24所示的批量删除成功界面。

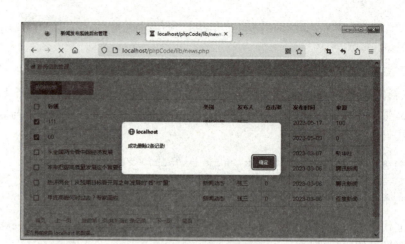

图 7-24　批量删除成功界面

任务 7.8　新闻信息的修改

任务描述

在新闻发布系统中，后台需要对新闻信息进行修改，管理员通过单击新闻信息列表中的修改链接，进入修改页面，对新闻信息进行修改后提交到系统数据库。

下面通过 URL 传值、表单元素赋值等知识来实现新闻信息修改功能。

知识储备

1. 表单元素赋值

在项目后台信息管理中，通常需要对信息进行修改，需要查询数据库的信息，赋值给表单元素，主要包括以下几种表单元素的赋值：

（1）文本框的赋值

文本框的赋值直接设置其 value 属性。示例代码如下：

```
<input type = "text" name = "password" value = "123">
```

（2）下拉框的赋值

下拉框的赋值可以在对应的 option 标签上面添加 selected。示例代码如下：

```
<select name = "province">
  <option value = "">选择一个省份:</option>
  <option value = "广东" selected>广东</option>
  <option value = "湖南">湖南</option>
  <option value = "湖北">湖北</option>
</select>
```

（3）复选框的赋值

复选框的赋值可以在对应的 input 标签上面添加 checked。示例代码如下：

项目 7 PHP 与 Web 交互

```
<input type = "checkbox" name = "skills[]" checked value = "PHP">PHP<br>
<input type = "checkbox" name = "skills[]" checked value = "C++">C++<br>
<input type = "checkbox" name = "skills[]" value = "JAVA">JAVA<br>
```

（4）单选框的赋值

单选框的赋值和复选框类似，通过在对应的 input 标签上面添加 checked。示例代码如下：

```
<input type = "radio" name = "sex" value = "男" checked>男<br>
<input type = "radio" name = "sex" value = "女">女
```

任务实施

① 在新闻列表页面 newsManage.php 新闻显示列表的数据行中添加修改超链接，链接到修改页面，并通过 URL 传递当前数据行中 id 的值。关键代码如下：

```
<th>操作</th>
<td><a href = "updateNews.php ? id = <?php echo $row['id'];?>"…>修改</a></td>
```

操作视频

任务7.8 新闻信息的修改

② 新建新闻信息修改页面文件是 updateNews.php，其界面和新闻信息添加页面 addNews.php 一致，可以直接复制 addNews.php 中的代码。

设置 updateNews.php 中 form 的 method 属性值为 POST，action 属性链接到 news.php 代码页面。添加"提交"按钮，添加隐藏域，name 为 action，value 为 update。部分关键代码如下：

```
<form method = POST action = "../lib/news.php">
…
<button type = "submit" class = "btn btn-default"><span class = "fa fa-floppy-o"> 提交
    </span></button>
<a href = "newsManage.php" class = "btn btn-default fa fa-undo">返回</a>
<input type = "hidden" name = "action" value = "update">
…
</form>
```

③ 在 news.php 文件中的 news 类中添加静态函数 getByID()，编写根据 id 查询新闻信息的函数。代码如下：

```
// 根据id查询新闻信息
public static function getByID($id)
{
    $sql = "select * from news where id = $id";
    return $GLOBALS['db']->query($sql, 1);
}
```

在 getByID() 函数中，传递了一个参数 $id。$id 是新闻表的主键。根据主键查询，只能查询到一条记录，因此调用 query($sql,1) 函数返回一个一维数组。

161

④ 在updateNews.php中获取URL地址传递的id值，调用getByID()函数查询要修改的新闻信息。关键代码如下：

```php
require_once '../lib/news.php';
require_once '../lib/tools.php';
if(isset($_GET['id']))
    $row = news::getByID($_GET['id']);
else
    header('location:newsManage.php');
```

⑤ 把查询到的新闻信息加载到各个HTML标签中。部分标签的赋值代码如下：

```html
<input type = "text" value = "<?php echo $row['title'];?>" name = "title">
```

这里需要注意：新闻信息修改中通常需要当前记录的主键，因此，需要添加隐藏域，绑定当前新闻的id值，然后通过POST传递到修改响应页面，否则响应页面没有id值，无法实现修改功能。添加隐藏域的代码如下：

```html
<input type = "hidden" name = "id" value = "<?php echo $row['id'];?>">
```

新闻信息修改加载页面的效果如图7-25所示。

图7-25 新闻信息修改加载界面

⑥ 在news.php文件中的news类中添加静态函数update()，编写新闻信息修改功能。代码如下：

```php
public static function update($title, $type, $source, $content, $id)
{
    session_start();
    $sql = "update news set title = '".$title."', type = '".$type."',source='".$source."',
     content = '".tools::cutBadStr($content)."', ptime = '".date('Y-m-d',time())."',
     userid = '".$_SESSION['user']['id']."' where id = $id";
    $GLOBALS['db']->exeSql($sql);
```

```
        tools::alertGo('修改成功！', '../admin/newsManage.php');
    }
```

⑦ 调用修改函数。在news.php文件中的类外面接收POST值，在switch语句中添加update分支，调用news类的update()函数。代码如下：

```
case 'update':
    news::update($_POST['title'], $_POST['type'], $_POST['source'],
                 $_POST['content1'], $_POST['id']);
    break;
```

以上代码中，根据POST传递的隐藏域action的值。若为update，则调用news类的静态函数update()，接收表单POST的数据，执行新闻修改功能。

⑧ 在浏览器中打开新闻列表页面newsManage.php，单击"修改"按钮，进入修改页面，修改后单击"提交"按钮，弹出图7-26所示的"修改成功！"界面，单击"确定"按钮后进入列表页面。

图7-26 修改成功界面

素养园地

Capital One是一家大型金融服务提供商，其AWS云基础设施中存在配置错误，权限控制失效。攻击者利用服务器端请求伪造（SSRF）漏洞访问到了公司的AWS元数据服务密钥，并进一步访问到存储在S3存储桶中的大量敏感信息，包括约1亿名美国客户和约600万名加拿大客户的个人信息。

在某企业OA系统中，一名普通员工在系统中看到了其同事的薪酬单。这是由于系统权限管理不严格，导致普通员工能够访问到与自己相同权限但归属于其他用户的资源或数据。

为了防止因系统权限控制问题而引发的网络事故，程序员需要具备强烈的安全意识，时刻关注系统可能面临的潜在威胁；要对自己的工作负责，确保编写的代码符合公司的安全规范和标准；遵守职业道德，不泄露公司的机密信息，不从事任何损害公司利益的行为；了解常见的安全漏洞和攻击手段，并采取相应的预防措施。

自我测评

一、填空题

1. PHP中接收Session信息的变量数组是_____。
2. 使用_____函数可以删除Session数据。
3. 获取GET方式传递的数据使用_____数组接收。
4. 使用_____函数启动Session。
5. 使用超全局数组变量_____接收Cookie数据。

二、选择题

1. Session会话的值在服务器上以（　　）形式存在。（单选）
   A. 数组　　　　　　B. 整型　　　　　　C. 文件　　　　　　D. time类型
2. 下列销毁Cookie的语句中，正确的是（　　）。（单选）
   A. setcookie("名", null, time()+100, "./")
   B. cookie("名", null, time()+100, "./")
   C. cookie("名", null, time()-100, "./")
   D. setcookie("名", null, time()-1, "./")
3. 清除会话变量的函数是（　　）。（单选）
   A. session_start()　　　　　　B. session_destroy()
   C. $_['destroy']　　　　　　　D. $_['start']
4. 表单中多选标签的type属性值是（　　）。（单选）
   A. checkbox　　　　B. radio　　　　　　C. select　　　　　　D. check
5. 下列关于将Cookie的生存周期设置为0的说法中，正确的是（　　）。（单选）
   A. 在关闭浏览器一段时间后Cookie值仍然存在
   B. 在关闭浏览器之前，Cookie就失效了
   C. 关闭浏览器，Cookie立马失效
   D. 关闭浏览器一段时间后，Cookie失效，但是仍然保存了登录信息

三、操作题

1. 完成用户信息分页显示功能。
2. 完成用户信息的批量删除功能。
3. 完成用户信息的修改功能。
4. 完成新闻栏目信息的添加功能。
5. 完成新闻栏目信息分页显示功能。
6. 完成新闻栏目信息的批量删除功能。
7. 完成新闻栏目信息的修改功能。
8. 使用Cookie完成用户登录五次失败、一天之内禁止登录功能。

项目 8 文件与图像技术

📖 课前学习工作页

扫一扫侧边栏中的二维码，观看相关视频，完成下面的题目。

1. 简答题

① 简述文件操作的步骤。
② 通过什么数据结构获取表单提交文件的数据？
③ 简述使用 readdir() 函数进行目录操作的一般步骤。

2. 选择题

① 在使用 move_uploaded_file() 函数进行文件上传的过程中，能够获取图片临时路径的是（　　）。（单选）
　　A. $_FILES['pic']['name']　　　　B. $_FILES['pic']['type']
　　C. $_FILES['pic']['tmp_name']　　D. $_FILES['pic']['error']

② 下列函数中，能够以数组形式返回目录下所有目录或文件的是（　　）。（单选）
　　A. getcwd()　　B. opendir()　　C. readdir()　　D. scandir()

③ 下列函数中，能够删除文件的是（　　）。（单选）
　　A. copy()　　B. unlink()　　C. rename()　　D. filesize()

④ 下列函数中，可以一次读取完整个文件内容的是（　　）。（单选）
　　A. fgets()　　B. readfile()　　C. fread()　　D. fgetc()

⑤ 在使用 fopen() 函数打开文件时，下列模式中，能够进行写文件操作的是（　　）。（单选）
　　A. r　　B. r+　　C. w　　D. a

文件上传

图片文件管理

文件读写

📖 课堂学习任务

　　新闻发布系统后台中需要实现前台首页 bannar 图片的上传、图片文件的管理、日志的管理等功能。同时为了防止暴力破解用户的密码，在登录时需要添加验证码功能。通过 PHP 目录操作、文件操作、文件上传、图像技术的学习，实现 bannar 图片管理、日志管理、验证码等功能。

　　本项目将详细讲解文件的上传、目录的操作、文件操作、文件读写、常见的绘图函数等知识点，设置了以下任务：

任务 8.1　图片文件上传

任务8.2 图片文件管理
任务8.3 日志管理
任务8.4 验证码

学习目标与重难点

知识目标	学会设置文件上传表单。 理解$_FILES数组的结构和使用方法,掌握文件上传过程中的数据处理。 熟悉常见的目录操作函数,能够进行目录的创建、遍历和删除操作。 学会使用文件删除和查看操作的函数,掌握文件的基本管理技能。 掌握文件的读写操作,理解不同模式下的文件操作。 理解并掌握PHP中的绘图函数(如GD库),能够创建和操作图像
能力目标	独立设置和处理文件上传表单,确保用户上传文件的有效性和安全性,并高效管理上传的文件。 灵活运用目录操作函数,进行目录的创建、遍历和删除,提升文件系统管理能力。 熟练进行文件的删除和查看操作,确保文件系统整洁有效。 高效进行文件的读写操作,理解并运用文件指针的概念,支持数据的存储和提取。 运用绘图函数生成和处理图像,满足项目的多样化需求,增强用户体验
素质目标	培养严谨的编码习惯,重视文件上传与处理中的安全性、错误处理和数据完整性。 提高对文件和目录管理的敏感性,增强解决实际问题的能力,积极应对文件系统的挑战。 培养持续学习的习惯,关注文件处理和图像生成领域的新技术与最佳实践,保持知识更新。 增强用户体验意识,从文件上传和图形展示的角度优化用户交互界面,确保用户操作的便捷性和友好性

任务8.1 图片文件上传

任务描述

在新闻发布系统中,前台页面需要设置几张bannar图片进行轮播,管理员在后台进行图片上传。用户通过文件标签浏览要上传的文件,单击"上传"按钮,通过PHP代码判断文件的大小、类型,验证成功后把文件上传到服务器指定的目录下面。

下面通过PHP文件上传相关知识点的学习来完成新闻发布系统后台的图片上传功能。

知识储备

1. 文件上传表单设置

在表单中,要想实现文件上传,需要将enctype属性的值设置为multipart/form-data,让浏览器知道在表单信息中除了其他数据外,还有上传的文件数据,而浏览器会将表单提交的数据(除了文件数据外)进行字符编码,并单独对上传的文件进行二进制编码。又因为URL地址栏上不能传输二进制编码数据,所以要想实现文件上传表单,必须将表单提交方式设置为POST。具体示例如例8-1所示。

【例8-1】upload.php。

```
<form action = "../lib/upload.php" method = "post" enctype = "multipart/form-data">
```

```
        <input type = "file" name = "pic">
        <input type = "submit" value = "上传">
</form>
```

在以上代码中,设置了form的method和enctype属性,同时还设置了上传处理的代码文件为upload.php。

2. $_FILES数组获取文件信息

超级全局数组$_FILES用于存储各种与上传文件有关的信息,其他数据还是使用$_POST获取。表8-1描述了$_FILES的各元素存储的信息。

表8-1 $_FILES各数组元素存储的信息

数 组 元 素	描　　述
$_FILES['pic']['name']	客户端文件系统的文件的名称
$_FILES['pic']['type']	客户端传递的文件的类型
$_FILES['pic']['tmp_name']	文件被上传后在服务器存储的临时目录下
$_FILES['pic']['error']	文件上传的错误代码
$_FILES['pic']['size']	文件的大小

利用前面的表单设计,在upload.php中输入以下代码:

```
echo '<pre>';
print_r($_FILES);
echo '</pre>';
```

单击"上传"按钮,运行结果如图8-1所示。

从运行结果可见,文件上传的表单元素的相关信息存储在预定义数组$_FILES中。$_FILES数组是二维数组,每个数组元素中包括上传文件的名字、类型、临时存储目录、出错信息、文件大小等信息。

3. 处理上传文件

从图8-1中,可以看到,用户单击"上传"按钮后,PHP默认将表单上传的文件保存到服务器系统的临时目录下。该临时文件的保存期为脚本的周期。所谓脚本周期,就是执行PHP文件所需的时间。在处理表单的文件中,可以通过sleep(seconds)函数延迟PHP文件执行的时间。在C:\xampp\tmp目录中查看临时文件如图8-2所示。

图 8-1　$_FILES 数组数据

图 8-2　上传临时文件

从图8-2可以看出，当提交表单后，在目录C:\xampp\tmp中生成了一个临时文件。当PHP执行完毕后，图中方框内的临时文件就会被释放掉。因此，还需要进一步把临时文件移动到网站目录下指定的位置。移动文件可以使用move_uploaded_file()函数。示例代码如下：

```php
move_uploaded_file($file['pic']['tmp_name'], $path);
```

move_uploaded_file()的第一个参数为临时文件的路径，第二个参数为目标地址的路径。

操作视频

任务8.1 图片文件上传

任务实施

① 在news项目的admin文件夹中新建uploadBannar.php文件，使用form表单以及表单元素，利用bootstrap框架创建图8-3所示的图片上传界面。

图8-3　图片上传界面

设置form相关的action、method、enctype属性，关键代码如下：

```html
<form action = "../lib/file.php" method = "post" enctype = "multipart/form-data">
    <input type = "file" name = "pic">
    <input type = "submit" value = "上传">
    <input type = "hidden" name = "action" value = "upload">
</form>
```

② 在news项目的lib文件夹中新建file.php文件，添加file类。在file类里面定义静态函数getExt()，获取文件的扩展名。代码如下：

```php
// 获取文件扩展名
public static function getExt($fileName)
{
    return substr($fileName, strrpos($fileName, '.') + 1);
}
```

③ 在file类里面定义静态函数upFile()实现文件的上传。代码如下：

```php
// 上传文件
public static function upFile($file)
{
    $allowExt = array('jpg', 'png', 'bmp');     // 允许的文件类型
    $path = $config['bannar'];                  // 读取配置文件的中的bannar路径
    $ext = static::getExt($file['name']);       // 获取文件的扩展名
```

```
        if(in_array($ext, $allowExt)){
            if($file['size'] < 1024 * 1024)      // 文件大小判断
            {
                // 随机生成带bannar_前缀的文件名,
                $fileName = uniqid('bannar_').'.'.$ext;
                session_start();
                $_SESSION['pic'] = $fileName;      // 保存文件名到Session中
                // 上传文件
                move_uploaded_file($file['tmp_name'], $path.$fileName);
                tools::alertGo('上传成功!', '../admin/uploadBannar.php');
            }else
                tools::alertGo('文件大小超过1MB!', '../admin/uploadBannar.php');
        }else
            tools::alertGo('文件类型不正确!', '../admin/uploadBannar.php');
}
```

在以上代码中，分别判断了文件的类型、大小。若满足规定的限制条件，则利用 move_uploaded_file() 文件进行上传。为了避免上传文件名相同导致文件被覆盖，通常上传前后需要将文件重命名。在这里采用 uniqid() 函数随机生成了一个文件名。

④ 在 file.php 文件里面调用 upFile() 函数。代码如下：

```
if(isset($_POST['action']))
{
    switch($_POST['action'])
    {
        case 'upload':
            file::upFile($_FILES['pic']);
            break;
    }
}
```

⑤ 修改 uploadBannar.php 文件中的示例图片为上传成功后的图片。代码如下：

```
<?php
session_start();
if(isset($_SESSION['pic']))
    $path = '../file/'.$_SESSION['pic'];
else
    $path = '../images/bannar_model.jpg';
?>
<img src = "<?php echo $path; ?>" width = "300" alt = "">
```

在以上代码中，若页面第一次加载，则加载默认的示例图片。若上传成功，则跳转回来，加载 $_SESSION['pic'] 中保存的文件。

程序运行效果如图 8-4 所示。

图 8-4　上传成功界面

●●●● 任务 8.2　图片文件管理 ●●●●

任务描述

新闻发布系统中后台管理员可以在后台管理上传的 bannar 图片。可通过浏览器浏览服务器上的 bannar 文件夹下的图片信息，并能够删除图片文件，实现首页 bannar 图片的更换。

下面通过 PHP 文件目录操作以及文件操作的相关函数的学习来完成 bannar 图片的管理。

知识储备

1. 目录操作函数

目录操作包括打开目录、关闭目录、新建目录、删除目录、获取目录信息等。常用的目录操作函数见表 8-2。

表 8-2　常用的目录操作函数

函　　数	描　　述	函　　数	描　　述
chdir()	改变当前的目录	readdir()	返回目录句柄中的条目
chroot()	改变根目录	rewinddir()	重置目录句柄
closedir()	关闭目录句柄	scandir()	返回指定目录中的文件和目录的数组
dir()	返回 Directory 类的实例	mkdir()	创建一个目录
getcwd()	返回当前工作目录	rmdir	删除一个目录，该目录必须是空目录
opendir()	打开目录句柄	is_dir	判断是否是目录

2. 打开和关闭目录

PHP 中的 opendir() 函数是一个内置函数，用于打开目录句柄。要打开的目录的路径作为参数发送到 opendir() 函数，如果发送成功，则返回目录句柄资源；如果失败，则返回 false。opendir() 函数打开目录句柄后，可与其他目录函数（如 closedir()、readdir() 和 rewinddir()）一起使用。

PHP 中的 opendir() 函数接收两个参数，它的语法格式如下：

```
resource opendir(string $path, resource $context)
```

函数的说明如下:
- $path:必填参数,用于指定要打开的目录的路径。
- $context:可选参数,用于指定流的行为。
- 返回值:成功返回目录句柄资源,失败返回false。

使用closedir()函数可以关闭目录,它的语法格式如下:

```
void closedir(resource $handle)
```

示例代码如下:

```php
$path = "../images/bannar";
$handle = opendir ($path );      // 打开目录,返回一个句柄
closedir ($handle);              // 关闭目录
```

3. 浏览目录

PHP中提供了readdir()和scandir()两个内置函数浏览目录。

(1) scandir()函数用于返回指定目录的文件和目录数组。scandir()函数列出了指定路径中存在的文件和目录。scandir()函数接收三个参数,语法格式如下:

```
array scandir($directory, $sorting_order, $context)
```

函数的说明如下:
- $directory:这是指定路径的必需参数。
- $sorting_order:这是一个可选参数,用于指定排序顺序。默认排序顺序为按字母顺序升序(0)。可以将其设置为SCANDIR_SORT_DESCENDING或1,以按字母降序排列,或设置为SCANDIR_SORT_NONE,以返回未排序的结果。
- $context:这是一个可选参数,用于指定流的行为。
- 返回值:成功返回一个文件名数组,失败返回false。

(2) readdir()函数的参数为目录句柄,返回目录中下一个文件的文件名。语法格式如下:

```
readdir($dir_handle)
```

因此,readdir()函数通常和opendir()、closedir()函数一起使用。
readdir()和scandir()函数的运用如例8-2所示。

【例8-2】readDir.php。

```php
$path = "../images/bannar";              // 定义一个目录
$handle = opendir($path);                // 打开目录,返回一个句柄
while($filename = readdir($handle))
{
    echo $filename.'<br>';
}
closedir($handle);                       // 关闭目录
echo '<pre>';
print_r(scandir($path));                 // 使用scandir()函数浏览目录
```

从以上代码可以看出，readdir()函数需要句柄资源，一次只能读取一个文件名。scandir()函数则可以直接读取文件路径，以数组的形式返回所有文件名或目录名。程序运行结果如图8-5所示。

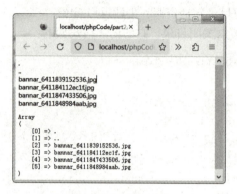

图 8-5　浏览目录

4. 文件操作

文件操作主要包括复制文件、删除文件、重命名文件和查看文件信息等操作。常用的文件操作函数见表8-3。

表 8-3　文件操作函数

函 数 名	语 法 格 式	说　　明
copy	bool copy(string source, string dest)	从 source 复制到 dest
unlink	bool unlink(string filename)	删除 filename
rename	bool rename(string oldname, string newnamel, resouree context])	将文件名从 oldname 重命名为 newname
filesize	int filesize(string filename)	获取文件大小
fileatime	int filcatime(string flename)	获取上次访问时间
filemtime	int filemtime(string filename)	获取上次修改时间
realpath	string realpath(string filename)	获取规范化绝对路径
stat	array stat(string filename)	获取文件统计信息
pathinfo	mixed pathinfo(string filename[, int options])	获取 path 信息

以下为文件操作的示例代码：

```
$path = "../images/11.jpg";     // 定义一个文件路径
echo filesize($path);           // 获取文件大小
echo '<br>';
echo fileatime($path);          // 获取上次访问时间
echo '<br>';
echo filemtime($path);          // 获取上次修改时间
echo '<br>';
echo realpath($path);           // 获取规范化绝对路径
echo '<br>';
// 删除文件
if(unlink($path))
    echo '删除成功！';
```

程序运行结果如图8-6所示。

图 8-6　文件操作

任务实施

① 在news项目的根目录下新建bannarManage.php文件，使用form表单、表格以及表单元素，利用bootstrap框架创建图8-7所示的图片管理界面。

图 8-7　图片管理界面

操作视频

任务8.2-1 图片文件列表显示

部分代码如下：

```
<form class = "form-horizontal" role = "form" action = "../lib/file.php" method = "post">
    ...
    <input type = "submit" class = "button button-block bg-main text-big input-big"
    value = "删除图片">
    <input type = "hidden" name = "action" value = "delete">
</form>
```

由于本项目中图片管理功能所有页面的form的action响应页面都是file.php，因此在表单中添加了以下的隐藏域。代码如下：

```
<input type = "hidden" name = "action" value = "delete">
```

② 在bannarManage.php文件内的表格表头的下方加载图片列表信息，通过tr、td标签显示出来。关键代码如下：

```
require '../lib/config.php';
$path = $GLOBALS['config']['bannar'];      // 读取配置文件的中的bannar路径
$fileName = scandir($path);                // 浏览目录下的文件
$num = 0;                                  // 图片显示序号
```

```php
    foreach($fileName as $value)
    {
        if($value! = '.' && $value != '..')
        {
            $num++;
?>
<tr>
    <td><input type = "checkbox" name = "del[]" value = "<?php echo $value;?>"></td>
    <td><?php echo $num;?></td>
    <td><?php echo $value;?></td>
    <td><img src = "<?php echo $path.'/'.$value; ?>" alt = "" width = "200"></td>
    <td><?php echo filesize($path.'/'.$value); ?></td>
    <td><?php echo date('Y-m-d', filemtime($path.'/'.$value)); ?></td>
</tr>
<?php
        }
    }
?>
```

任务8.2-2 图片文件批量删除

以上代码中，读取配置文件的中的bannar路径，然后使用scandir()函数获取目录下的所有文件名和目录名，通过foreach循环，按照设计好的表格模板进行显示输出。

在显示表格的第一列，添加了checkbox标签，value值绑定了当前行的图片名称，当用户选取之后，单击"删除图片"按钮，则以数组的形式提交所有选中的图片名称，为下一步批量删除提供数据。

程序运行界面如图8-8所示。

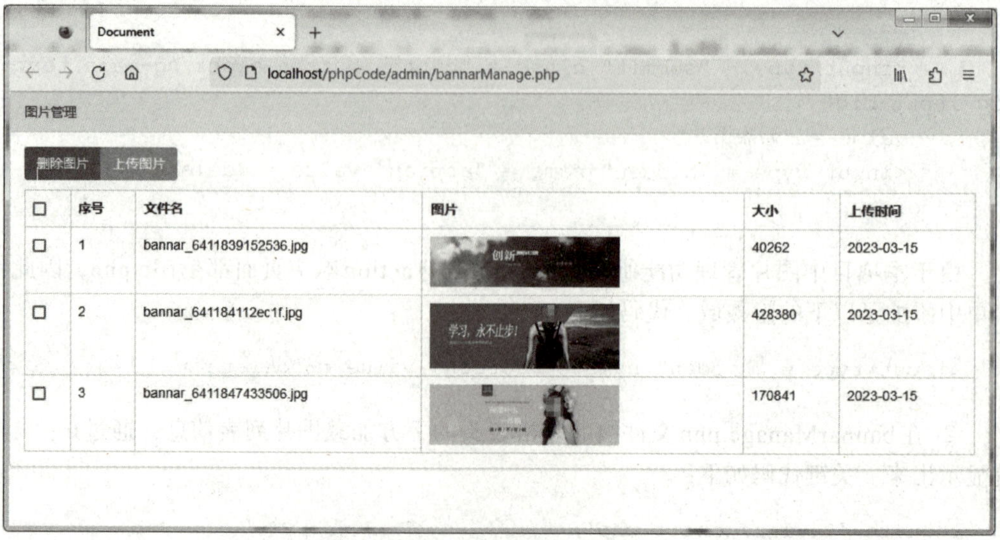

图8-8　图片列表显示

③ 在file类里面定义静态函数deleteFile()，实现图片文件的批量删除。代码如下：

```php
public static function deleteFile($file)
{
    $path = $config['bannar'];              //读取配置文件的中的bannar路径
    foreach($file as $value)
    {
        $filePath = $path.$value;
        if(file_exists($filePath))          // 判断文件是否存在
            unlink($filePath);              // 删除文件
    }
    tools::alertGo('删除成功', '../admin/bannarManage.php');
}
```

在以上代码中，循环遍历列表页面传递的文件名数组，取出文件名，连接配置文件中的文件路径，构成文件的完整路径$filePath，通过file_exists()函数判断文件是否存在。若存在，则调用unlink()函数删除文件。

④ 在file.php文件中的switch分支结构里面添加delete分支，调用deleteFile()函数。代码如下：

```php
case 'delete':
    file::deleteFile($_POST['del']);
    break;
```

用户选取要删除的图片，单击"删除"按钮，然后单击"确定"按钮确认删除，弹出"删除成功"提示框，单击"确定"按钮后返回图片列表页面，运行结果如图8-9所示。

图8-9 图片批量删除

任务8.3 日志管理

任务描述

新闻发布系统的后台操作中，需要记录后台的一些关键操作，如添加管理员、登录操作等。若使用数据库存储，数据库中的数据量会快速增长，因此一般采用文件进行管理，按照月份产生一个日志文件，记录后台登录用户的一些操作。

接下来通过PHP文件读写相关函数的学习完成系统日志的管理功能。

知识储备

1. 打开和关闭文件

文件操作基本步骤如下：
① 打开文件。
② 读写文件，包括显示文件内容、编辑内容、写入内容等操作。
③ 关闭文件。

在PHP中，fopen()函数可以用来进行打开文件的操作；fclose()函数可以用来进行关闭文件的操作。

（1）fopen()函数的语法格式如下：

```
resource fopen(string $filename, string $mode[,bool $use_include_path[, resource $context]])
```

其中：

- $filename是要打开的文件的路径，可以是相对路径，也可以是绝对路径，还可以是URL。
- $mode是打开文件的访问权限，可能的值见表8-4。

表8-4 $mode 参数的取值

参　数	说　明
r	以只读方式打开，将文件指针指向文件头
r+	以读写方式打开，将文件指针指向文件头
w	以写入方式打开，清除文件内容，如果文件不存在则尝试创建该文件
w+	以读写方式打开，清除文件内容，如果文件不存在则尝试创建该文件
a	以写入方式打开，将文件指针指向文件末尾进行写入，如果文件不存在则尝试创建该文件
a+	以读写方式打开，将文件指针指向文件末尾进行写入，如果文件不存在则尝试创建该文件
x	创建一个新的文件并以写入方式打开，如果文件已存在则返回false
x+	创建一个新的文件并以读写方式打开，如果文件已存在则返回false

- $use_include_path是可选参数，用于在配置文件phpini中指定一个路径。如果希望在这个路径下打开指定的文件，则设置该参数为true。

（2）fclose()函数的语法格式如下：

```
bool fclose(resource $handle)
```

在文件操作结束后，应关闭文件，否则会引发错误。$handle是通过fopen()函数打开的resource文件。如果文件关闭成功，则返回true，否则返回false。

文件打开与关闭的示例代码如下：

```
$path = '../log/test.txt';           // 设置文件路径
if(file_exists($path)){              // 判断文件是否存在
    $handle = fopen($path, 'r');     // 只读模式打开文件
    var_dump($handle);
```

```
        echo '<hr>';
        var_dump(fclose($handle));         // 关闭文件
}
```

程序运行结果如图 8-10 所示。

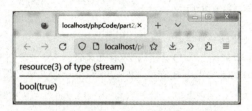

图 8-10　文件的打开与关闭

以上代码在文件打开之前使用 file_exists() 函数检测文件是否存在，然后以只读方式打开了文件，最后关闭了文件，并打印了函数返回的结果。

2. 读取文件

在 PHP 中，读取文件内容通常分为读取整个文件、读取一行字符、读取一个字符、读取一定长度的字符串四种情况。

（1）读取整个文件

readfile() 函数用于读入一个文件，并将其写入输出缓冲中。如果出现错误，则返回 false。它的语法格式如下：

```
int readfile(string $filename[, bool use include pathl, resource context]])
```

其中，$filename 是要打开的文件，返回值是文件的字节数。如果文件打开失败，则返回 false，并显示错误信息。

（2）读取一行字符

在 PHP 中，fgets() 函数和 fgetss() 函数可以用来读取一行字符。fgets() 函数的语法格式如下：

```
string fgets(resource $handle[, int length])
```

该函数表示从 $handle 文件中读取一行字符。读取的字符串最大字节为 length-1。length 是可选参数。如果不指定该参数，则默认读取的字符串长度为 1024。

（3）读取一个字符

fgetc() 函数可以用来读取单个字符。它的语法格式如下：

```
string fgetc(resource $handle)
```

（4）读取一定长度的字符

除了使用 file_get_contents() 函数读取一定长度的字符，还可以使用 fread() 函数进行。fead() 函数的语法格式如下：

```
string fread(resource $handle, int $length)
```

fread() 函数表示从 $handle 文件中读取最多 $length 个字节的字符。

读取文件的示例如例8-3所示。

【例8-3】readFile.php。

```php
$path = '../log/test.txt';        // 设置文件路径
// 使用readfile()函数读取整个文件
var_dump(readfile($path));
echo '<hr>';
// 使用fgets()函数读取一行字符
$handle = fopen($path, 'r');      // 打开文件
while($str = fgets($handle))      // 每次读取一行，使用循环读完整个文件
    echo $str.'<br>';
fclose($handle);
echo '<hr>';
// 使用fgetc()函数读取一个字符
$handle = fopen($path, 'r');      // 打开文件
while($str = fgetc($handle))      // 每次读取一个字符，使用循环读完整个文件
    echo $str;
fclose($handle);
echo '<hr>';
// 使用fread()函数读取指定长度的字符
$handle = fopen($path, 'r');      // 打开文件
while($str = fread($handle,5))    // 每次读取五个字符，使用循环读完整个文件
    echo $str.'<br>';
fclose($handle);
```

程序运行结果如图8-11所示。

从程序代码和运行结果来看，readfile()可以一次读取完整个文件。若想通过fgets()、fgetc()、fread()读取整个文件，可以通过循环不停地读取文件内容，文件指针会自动向文件尾部偏移，直至文件结尾，结束循环。

3. 写文件

在PHP中，fwrite()函数用于将字符串的内容写入文件。语法格式如下：

```
int fwrite(resource $handle, string $string[, int $length])
```

fwrite()函数的第一个参数包含要写入的文件句柄，第二个参数是被写的字符串。写文件的案例代码如例8-4所示。

【例8-4】writeFile.php。

```php
$path = '../log/test.txt';        // 文件路径
// 以写入方式打开文件，将文件指针指向文件末尾进行写入，如果文件不存在则尝试创建该文件
$handle = fopen($path, 'a');
$txt = "Hello China! \r\n";
fwrite($handle, $txt);            // 向文件尾部写入字符串
$txt = "你好中国! \r\n";
fwrite($handle, $txt);            // 向文件尾部写入字符串
fclose($handle);
```

以上程序代码使用"a"模式打开文件，将文件指针指向文件末尾进行写入。如果文

件不存在则尝试创建该文件，分别两次向文件中写入了两条消息。"\r\n"为回车换行符。程序运行结果如图 8-12 所示。

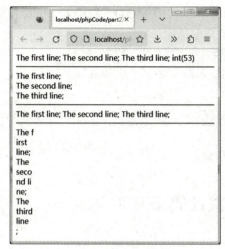

图 8-11 文件的读取

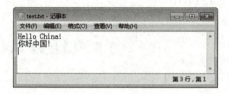

图 8-12 文件的写入

任务实施

① 在 file 类里面定义静态函数 writeLog() 实现日志信息写入到指定的文件里面。代码如下：

```
public static function writeLog($message)
{
    // 读取配置文件的中的日志文件路径
    $path = $GLOBALS['config']['log'];
    // 文件名以当前的月份命名
    $fileName = date('Y-m', time()).".txt";
    // 以写入方式打开，将文件指针指向文件末尾进行写入，若不存在则创建
    $handle = fopen($path.$fileName, 'a');
    fwrite($handle, $message."\r\n");    // 写入$message到文件中，并回车换行
    fclose($handle);                      // 关闭日志文件
}
```

操作视频

任务8.3 日志管理

以上代码中，读取了配置文件中的日志文件路径，以当前的月份作为文件名，以"a"模式打开文件，文件指针指向文件末尾进行写入，并使用""\r\n""进行回车换行。若文件不存在则创建文件，使每个月产生一个日志文件。

② 分别在 user 类的 login() 和 logout() 函数中编辑日志信息，然后调用 writeLog() 函数。关键代码如下：

```
// login()函数中调用写日志函数
$message = $logname.'  登录系统  '.$_SERVER["REMOTE_ADDR"].' '.
        date('Y-m-d h:i:s', time());
file::writeLog($message);
// logout()函数中调用写日志函数
$message = $_SESSION['user']['logName'].'  退出系统  '.$_SERVER
```

```
                    ["REMOTE_ADDR"].' '.date('Y-m-d h:i:s', time());
      file::writeLog($message);
```

> **小提示:**
> 在使用date('Y-m-d h:i:s', time())获取服务器当前的日期和时间时,会出现获取的时分秒不对的问题,可以通过修改"php.ini"文件中的时区,设置date.timezone为"date.timezone = PRC"。

以上代码中,获取了操作用户名,使用$_SERVER["REMOTE_ADDR"]获取了客户端用户的IP地址,使用date('Y-m-d h:i:s', time())获取服务器当前的日期和时间信息,加上用户的操作信息,编辑成一条完整的日志信息,存放到$message中,然后调用writeLog()函数写入文件中。

用户登录然后退出系统,程序运行结果如图8-13所示。

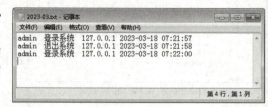

图 8-13　添加日志

●●●● **任务 8.4　验证码** ●●●●

任务描述

在登录新闻发布系统时,为了提高网站的安全性、避免机器的操作、拦截恶意行为,经常需要输入各种各样的验证码。通常情况下,验证码是图片中的一个字符串(数字或英文字母),用户需要识别其中的信息才能正常登录。

PHP中生成验证码的本质是在一个图片上绘制文本,而验证码上的干扰元素就是在图片上添加背景色,以及绘制点、线、圆等图形构成的。

接下来,通过PHP中图像相关知识的学习实现用户登录中验证码的生成与验证功能。

知识储备

1. GD库

GD库是PHP处理图形的扩展库,提供了一系列用来处理图形的API,通过GD库可以完成各种点、线、几何图形、文本、颜色等相关操作。GD库支持GIF、JPEG、JPG、PNG、WBMP等格式的图形文件。在使用GD库前,需要配置php.ini文件,并在php.ini文件中启用gd2。由于PHP的版本不同,配置项也有可能不同,因此该选项可能是extensiongd2,也可能是extension-php_gd2dll。通过调用phpinfo()函数,在看到如图8-14所示的内容时,表示GD库配置成功。

通过GD扩展操作图片,是先在内存中处理,并在处理完后以文件的方式输出,可以输出到浏览器中,也可以输出到磁盘上。因此一般步骤如下:

① 创建画布:所有的绘图设计都需要在一张画布上完成。画布的本质是在内存中开辟一块临时区域,用来存储图像信息。

② 绘制图形:在画布创建完成后,可以通过这个画布资源填充颜色,或者绘制"点""线""文本""图像"等。

③ 输出图像到浏览器或磁盘中。

④ 销毁图像,释放资源。

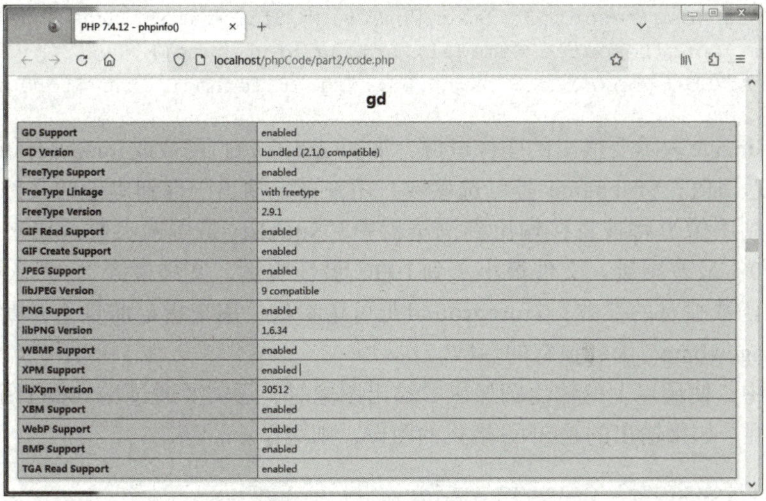

GD Support	enabled
GD Version	bundled (2.1.0 compatible)
FreeType Support	enabled
FreeType Linkage	with freetype
FreeType Version	2.9.1
GIF Read Support	enabled
GIF Create Support	enabled
JPEG Support	enabled
libJPEG Version	9 compatible
PNG Support	enabled
libPNG Version	1.6.34
WBMP Support	enabled
XPM Support	enabled
libXpm Version	30512
XBM Support	enabled
WebP Support	enabled
BMP Support	enabled
TGA Read Support	enabled

图 8-14　查看 GD 库信息

2. 创建画布

创建画布是使用GD库的第一步。使用 imagecreate() 函数和imagecreatetruecolor() 函数可以实现创建画布功能。它们的基本语法格式如下：

```
resource imagecreate(int $x, int $y)
resource imagecreatetruecolor(int $x, int $y)
```

其中，$x、$y 分别为要创建图像的宽度和高度像素值。imagecreatetruecolor() 函数和 imagecreate() 函数都会返回一个图像资源。虽然这两个函数相似，但是 imagecreatetruecolor() 函数可以创建一幅真彩色的图像，从而支持更为丰富的色彩，而且由于使用了真彩色，因此它不能输出 GIF 格式的图像。

3. 销毁画布

在图像处理完成后，可以使用imagedestroy() 函数销毁图像资源来释放内存。由于系统会自动回收这部分资源，因此调用 imagedestroy() 函数不是必须的，但是使用该函数是一个良好的习惯。它的语法格式如下：

```
bool imagedestroy(resource $image)
```

其中，$image 是调用创建画布函数返回的资源。

4. 输出图像

PHP 允许将图像以不同格式输出，而且每个格式都有专门的函数来输出，如下所述：

- imagegif()：以 GIF 格式将图像输出到浏览器或文件中。
- imagejpeg()：以 JPEG 格式将图像输出到浏览器或文件中
- imagepng()：以 PNG 格式将图像输出到浏览器或文件中。
- imagewbmp()：以 WBMP 格式将图像输出到浏览器或文件中。

它们的语法格式也比较类似，如下：

```
bool imagegif(resource $image[, string $filename])
```

```
bool imagejpeg(resource $image[, string $filename[, int $quality]])
bool imagepng(resource $imagel, string $filename])
bool imagewbmp(resource $imagel, string $filename[, int $foreground]))
```

其中,$image表示要输出的图像资源,如imagecreate()函数或imagecreatefirom xxx()系列函数的返回值;$filename是可选参数,用来指定输出图像到本地的文件名,如果省略该参数,则图像流将被直接输出到浏览器中;$quality是可选参数,用来指定图像质量,范围从0(最差质量,文件最小)到100(最佳质量,文件最大),默认值为75,是imagejpeg()函数独有的参数;$foreground是可选参数,用来指定前景色,默认前景色是黑色,是imagewbmp()函数独有的参数。

在PHP中,使用以上的输出图像函数输出图像时,还需要通过header()函数来设置输出内容的类型。如果输出的是PNG格式的图像,则写作:

```
header("content-typeimage/png")
```

如果输出的是JPEG格式的图像,则写作:

```
header("content-type:image/jpeg")
```

完整的图像输出示例代码如下:

```
// 创建画布
$img = imagecreate(100, 100);
$bg =imagecolorallocate($img, 255, 0, 0);     // 设置背景颜色为红色
// 设置输出内容的类型
header("content-type:image/png");
imagepng($img);                                // 直接输出到浏览器
imagedestroy($img);                            // 销毁画布
```

程序运行结果如图8-15所示。

图8-15 图片文件输出

5. 分配颜色

GD库提供了以下三个有关颜色设置的函数:
① imagecolorallocatce()函数:用于为图像分配颜色。
② imagccolorallocateaipha()函数:用于为图像分配带透明度的颜色。

③ imagecolordeallocate() 函数：用于取消由以上两种函数为图像分配的颜色。

在利用 imagecolorallocate() 函数和 imagecolorallocatealpha() 函数为图像分配颜色后，就可以利用这些颜色来绘制"点""线""文本""图像"等要素内容了。它们的语法格式比较类似：

```
int imagecolorallocate(resource $image, int $red, int $green, int $blue)
int imagecolorallocatealpha(resource $image, int $red, int $green, int $blue.int $alpha)
```

其中，image 是调用创建画布函数返回的资源，$red、$green 和 $blue 分别表示所需颜色的红、绿、蓝成分（简称"RGB 成分"），取值范围均为 0～255；$alpha 表示透明度，取值范围为 0～127，0 表示完全不透明，127 表示完全透明。如果颜色分配成功，则返回一个标识符，代表由给定的 RGB 成分组成的颜色，如果颜色分配失败，则返回 -1。

通过 imagecreate() 函数建立的图像，在第一次调用 imagecolorallocate() 函数时会给图像填充背景色，而通过 imagecreatetruecolor() 函数建立的图像，则需要使用其他的函数，如 imagefill() 函数填充背景色。

imagecolordeallocate() 函数可以用来取消分配的颜色。它的语法格式如下：

```
bool imagecolordeallocate(resource $image, int $color)
```

其中，$image 表示调用创建画布函数返回的资源；$color 是分配颜色成功后所返回的颜色标识。示例代码如下：

```php
// 创建画布
$img = imagecreate(300, 100);
$bg =imagecolorallocate($img, 200, 200, 200);        // 设置背景颜色为灰色
// 设置一种随机的颜色
$color = imagecolorallocate($img, mt_rand(0, 255), mt_rand(0, 255), mt_rand(0, 255));
// 使用设置的颜色绘制一条线
imageline($img, 50, 50, 250, 50, $color);            // 使用
// 设置输出内容的类型
header("content-type:image/png");
imagepng($img);                                       // 直接输出到浏览器
imagedestroy($img);                                   // 销毁画布
```

以上代码创建了一个画布，设置了画布的背景颜色，调用 mt_rand(0,255) 产生一个随机数用来设置 RGB 颜色分量，产生一种随机的颜色，利用该颜色绘制了一条实线，最后输出了图片。程序运行结果如图 8-16 所示。

6. 绘制基本几何图形

基本的几何图形主要有点、线、圆、多边形等。由基本几何图形可以演变出更为复杂的

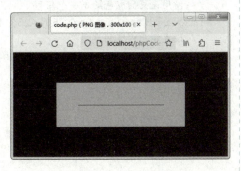

图 8-16　颜色分配

图形。GD 库提供了三个绘制基本图形的函数，即 imageline() 函数、imagearc() 函数和 imagerectangle() 函数，分别用来绘制线段、椭圆弧（包括圆弧）和矩形。

（1）imageline() 函数

imageline() 函数可以用来绘制线段。它的语法格式如下：

```
bool imageline(resource $image, int $x1, int $y1, int $x2, int $y2, int $color)
```

该函数表示使用 $color 颜色在 image 图像上从 ($x1, $y1) 坐标到 ($x2, $y2) 坐标画一条线段。在画布中，坐标原点为左上角，横坐标水平向右为正，纵坐标垂直向下为正。

（2）imagearc() 函数

imagcarc() 函数可以用来绘制椭圆弧（包括圆弧）。它的语法格式如下：

```
bool imageare(resource $image, int $cx, int $cy, int $w, int $h, int $s, int $e, int $color]
```

该函数表示使用 $color 颜色在 $image 图像上以 ($cx, $cy) 坐标为中心画一个圆弧，$w 和 $h 分别表示该椭圆弧的宽和高，$s 和 $e 分别表示圆弧的起点角度和终点角度，0 度位置在三点钟位置（顺时针方向）。

（3）imagerectangle() 函数

imagerectangle() 函数可以用来绘制一个矩形。它的语法格式如下：

```
bool imagerectangle(resource $image, int $x1, int $y1, int $x2, int $y2, int $color)
```

该函数表示使用 $color 颜色在 $image 图像上画一个矩形，其左上角坐标为 ($x1, $y1)，右下角坐标为 ($x2, $y2)。

以矩形的绘制为例，示例代码如例 8-5 所示。

【例 8-5】drawAngle.php。

```php
// 创建画布
$img = imagecreate(300, 150);
$bg = imagecolorallocate($img, 222, 222, 222);     // 设置背景颜色为灰色
// 设置一种随机的颜色
$color = imagecolorallocate($img, mt_rand(0, 255), mt_rand(0, 255), mt_rand(0, 255));
// 使用设置的颜色绘制一个矩形
imagerectangle($img, 50, 25, 250, 125, $color);
// 设置输出内容的类型
header("content-type:image/png");
imagepng($img);                                     // 直接输出到浏览器
imagedestroy($img);                                 // 销毁画布
```

程序运行结果如图 8-17 所示。

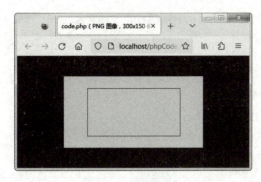

图 8-17　绘制矩形

7. 图像填充

GD 库不仅可以绘制线条图形，还可以绘制填充图形。图像填充函数如下：

（1）imagefill()函数

imagefill()函数以($x, $y)为中心向四周用$color填充。语法格式如下：

```
bool imagefill(resource $image, int $x, int $y, int $color)
```

（2）imagefilltoborder()函数

imagefilltoborder()函数以($x, $y)为中心向四周用$color填充，直到碰到$border颜色为止。语法格式如下：

```
bool imagefilltoborder(resource $image, int $x, int $y, int $border, int $color)
```

（3）imagefilledarc()函数

imagefilledarc()函数画椭圆弧且填充圆弧。语法格式如下：

```
bool imagefilledarc(resource $image, int $cx, int $cy, int $w, int $h, int $s, int $e, int $color, int $style)
```

（4）imagefilledellipse()函数

imagefilledellipse()函数画一个椭圆且填充。语法格式如下：

```
bool imagefilledellipse(resource $image, int $cx, int $cy, int $width, int $height, int $color)
```

（5）imagefilledpolygon()函数

imagefilledpolygon()函数在$image图像中画一个填充了的多边形。语法格式如下：

```
bool imagefilledpolygon(resource $image, array $points, int $num_points, int $color)
```

（6）imagefilledrectangle()函数

imagefilledrectangle()函数在$image图像中画一个用$color颜色填充了的矩形。语法格式如下：

```
bool imagefilledrectangle(resource $image, int $x1, int $y1, int $x2, int $y2, int $color)
```

以 imagefill() 函数为例，代码如例8-6所示。

【例8-6】imagefill.php。

```php
// 创建画布
$img = imagecreate(300, 100);
$bg = imagecolorallocate($img, 200, 200, 200);    // 设置背景颜色为灰色
// 设置一种随机的边框颜色
$color = imagecolorallocate($img, mt_rand(0, 255), mt_rand(0, 255), mt_rand(0, 255));
// 使用设置的颜色绘制一个矩形
imagerectangle($img, 50, 25, 250, 125, $color);
$fillColor = imagecolorallocate($img, mt_rand(0, 255), mt_rand(0, 255), mt_rand(0, 255));
// 填充颜色
imagefill($img, 100, 100, $fillColor);
// 设置输出内容的类型
header("content-type:image/png");
imagepng($img);                                   // 直接输出到浏览器
imagedestroy($img);                               // 销毁画布
```

程序运行结果如图8-18所示。

imagefill() 函数使用 $color 颜色在 $image 图像的 ($x, $y) 坐标位置执行区域填充，与 ($x, $y) 坐标点颜色相同且相邻的点都会被填充。

修改以上代码中的填充坐标在矩形框外，代码如下，则填充所有矩形框外的区域，运行结果如图8-19所示。

```php
imagefill($img, 20, 20, $fillColor);
```

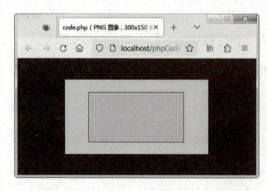 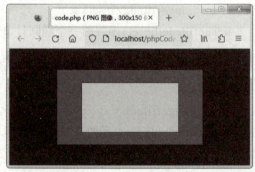

图 8-18 填充图形　　　　　　　　　　图 8-19 填充图形

8. 绘制文字

imagestring() 函数的主要功能就是在图像中添加字符串。它的语法格式如下：

```
bool imagestring(resource $image, int $font, int $x, int $y, string
$string,int $color)
```

该函数表示使用$color颜色在$image图像上的($x, $y)坐标位置，使用$font字体绘制$string字符串。在绘制字符串时，是从($x, $y)坐标处开始绘制的。在通常情况下，$font使用1、2、3、4、5等内置字体。

示例代码如例8-7所示。

【例8-7】imagestring.php。

```php
// 创建画布
$img = imagecreate(200, 100);
$bg = imagecolorallocate($img, 222, 222, 222);      // 设置背景颜色为灰色
//随机产生一种颜色
$color = imagecolorallocate($img, 66, 66, 66);
// 输出两行文本
imagestring($img, 5, 20, 20, 'hello China', $color);
imagestring($img, 5, 20, 60, '你好中国', $color );
// 设置输出内容的类型
header("content-type:image/png");
imagepng($img);                                      // 直接输出到浏览器
imagedestroy($img);                                  // 销毁画布
```

程序运行结果如图8-20所示。

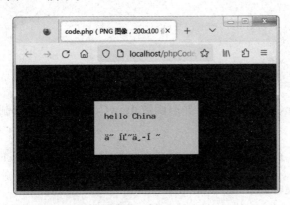

图 8-20　绘制文本

从上图可以看到，在输出中文字符串时遇到了乱码。PHP为了解决多国语言乱码问题，还提供了一个新的添加文字的函数，即imagettftext()函数。imagettftext()函数表示使用TrueType字体向图像中输出文字。它的语法格式如下：

```
array imagettftext(resource $image, float $size, float $angle, int $x,
int $y, rint $color, string $fontfile, string $string)
```

该函数表示使用$color颜色在$image图像上的($x, $y)坐标位置，使用TrueType（$fontfile为想要使用的TrueType字体的路径）字体绘制$string字符串，字体的字号为$size，字体的旋转角度为$angle。

任务8.4-1 生成验证码

任务实施

① 在登录界面上添加验证码输入框和验证码图片。图片路径为PHP验证码生成代码文件。关键代码如下：

```
<input type = "text" class = "input input-big" name = "code"/>
<img src = "../lib/validationCode.php" onclick = "this.src = this.src+'?'">
```

② 在lib文件夹中创建validationCode.php，文件中添加validationCode类。

③ 在validationCode类中添加静态函数generateCode()，用于产生指定长度的随机验证码字符串。关键代码如下：

```
// 随机生成验证码字符串
public static function generateCode($length)
{
    $code = '';
    // 生成候选字符数组
    $char = array_merge(range(0, 9), range('a', 'z'), range('A', 'Z'));
    // 随机取$Length个字符，返回对应的key
    $codeKey = array_rand($char, $length);
    shuffle($codeKey);      // 打乱顺序
    // 通过随机选取的key到候选字符数组中取值，连接成字符串
    foreach($codeKey as $v)
    {
        $code = $code.$char[$v];
    }
    return $code;
}
```

④ 在validationCode类中添加静态函数drawCode()，用于绘制验证码。关键代码如下：

```
public static function drawCode($width, $height, $length, $font, $code)
{
    // 根据传递的宽度，高度创建画布
    $img = imagecreatetruecolor($width, $height);
    // 设置背景颜色，RGB三原色随机
    $bgColor = imagecolorallocate($img, mt_rand(200, 255), mt_rand
                                (200, 255), mt_rand(200, 255));
    // 填充背景颜色
    imagefill($img, 0, 0, $bgColor);
    // 绘制颜色随机的干扰点
    for($i = 0;$i < 600; $i++)
    {
        $color = imagecolorallocate($img, mt_rand(0, 255), mt_rand(0,
                                255), mt_rand(0, 255));
        imagesetpixel($img, mt_rand(0, $width), mt_rand(0, $height),
                    $color);
```

```
    }
    // 计算文字的高度、宽度
    $codeWidth = imagefontwidth($font) * $length;
    $codeHeight = imagefontheight($font);
    // 设置文本的颜色
    $color = imagecolorallocate($img, mt_rand(0, 100), mt_rand(0, 100),
mt_rand(0, 100));
    // 绘制文本
    imagestring($img, $font, ($width - $codeWidth) / 2, ($height - $codeHeight) / 2, $code, $color);
    return $img;
}
```

⑤ 在validationCode类中添加静态函数export(),用于输出图片文件,并销毁图片资源。关键代码如下:

```
public static function export($img)
{
    // 输出绘制文本后的图像
    header('Content-Type: image/png');
    imagepng($img);
    // 销毁图像
    imagedestroy($img);
}
```

⑥ 在validationCode类中添加静态函数createCode(),调用以上步骤中所有的函数,绘制验证码并输出。关键代码如下:

```
// 绘制验证码总函数
public static function createCode($length, $width, $height, $font)
{
    $code=static::generateCode($length);    // 生成验证码字符串
    session_start();
    $_SESSION['code'] = $code;              // 把验证码保存到session中用于验证
    $img = static::drawCode($width, $height, $length, $font, $code);
                                            // 绘制验证码图片
    static::export($img);                   // 输出图片文件
}
```

验证码的验证实际上就是对比用户输入的验证码与生成验证码是否相同。为了达到这一目的,在生成验证码的时候需要将验证码保存到Session中,这样就解决了当脚本执行完毕后保存在变量中的码值被释放的问题。

⑦ 在validationCode文件中输入参数,调用验证码生成函数。代码如下:

```
validationCode::createCode(4, 60, 40, 20);
```

运行登录页面,程序运行结果如图8-21所示。

图 8-21 验证码生成

任务8.4-2 调用验证码

⑧ 在user类中添加静态函数checkLogin(),用于验证用户输入的验证码。代码如下:

```
public static function checkLogin($code)
{
    $code = trim($code);        // 去掉首尾空格
    session_start();            // 启用session
    if(empty($_SESSION['code']))
    {
        tools::alertBack('验证码已过期!');
        die();
    }
    elseif(strtolower($code) != strtolower($_SESSION['code']))
    {
        tools::alertBack('验证码错误!');
        die();
    }
    else
        ;
}
```

在以上代码中,使用trim()函数去除首尾处的空白字符或其他字符。由于验证码的验证通常是忽略大小写的,使用strtolower()函数把系统自动生成的验证码和用户输入的验证码统一转换成小写,然后再进行对比。

⑨ 在用户登录函数中新增一个$code参数,并调用checkLogin()函数。代码如下:

```
login($logname, $password, $code)
user::checkLogin($code);
```

⑩ 优化用户体验,在验证码的img标签上添加如下onclick属性。代码如下:

```
onclick = "this.src = this.src+'?'"
```

用户在看不清楚验证码需要更换时，单击 img 验证码图片，就会重新设置图片的 src，重新加载一次 validationCode 文件，执行 createCode() 函数重新生成并输出验证码。

在浏览器中运行登录页面，输入错误的验证码，则出现图 8-22 所示的错误提示。单击"确定"按钮返回登录页面，若验证码、用户名、密码均输入正确，则跳转到后台主页面。

图 8-22　验证码错误提示

素养园地

何克希同志 1929 年加入中国共产党，1955 年在我国首次将官授衔仪式上，被授予少将军衔，成为"开国少将"，并获颁一级独立自由勋章、一级解放勋章。2022 年 10 月至 2023 年 7 月间，郭某某、何某某、付某某通过各自的自媒体账号制作并发布"中共历史上最恶劣的十大叛徒"短视频时，将何克希同志的照片用于负面历史人物的头像。该短视频发布后，在互联网平台上被大量浏览、传播，造成恶劣社会影响。其中，郭某某的快手号播放量达 132 万余次；何某某的抖音号粉丝量达 356 万余人，播放量达 32 万余次；付某某的微信视频号、抖音号播放量达 1 000 余次。

《中华人民共和国网络安全法》第十二条规定：任何个人和组织使用网络应当遵守宪法法律，遵守公共秩序，尊重社会公德，不得危害网络安全，不得利用网络从事危害国家安全、荣誉和利益，煽动颠覆国家政权、推翻社会主义制度，煽动分裂国家、破坏国家统一，宣扬恐怖主义、极端主义，宣扬民族仇恨、民族歧视，传播暴力、淫秽色情信息，编造、传播虚假信息扰乱经济秩序和社会秩序，以及侵害他人名誉、隐私、知识产权和其他合法权益等活动。

自我测评

一、填空题

1. 在 PHP 中，使用 imagegif() 函数输出图像前，需要使用_____告知浏览器输出内容的类型。
2. 使用 fopen() 函数成功打开文件后，返回值是_____。
3. 使用_____函数可以以数组形式返回指定路径中存在的所有文件和目录。
4. 在 PHP 中，使用_____函数获取文件的修改时间。

二、判断题

1. 函数 imageellipse() 可以绘制正圆。（   ）
2. 使用 gd_info() 函数可以获取 GD 库支持的图像类型。（   ）
3. 在 PHP 中，使用 GD 库提供的函数可以将文字绘制到画布上。（   ）
4. 在遍历任何目录时，返回值中都会包括"."和".."这两个特殊的目录。（   ）

三、选择题

1. 下面关于常见图像格式的描述错误的是（   ）。（单选）
   A．PNG 格式适合保存包含文本、线条和单块颜色的图像
   B．JPEG 格式是有损压缩格式
   C．GIF 格式不适合高画质以及需要扩展颜色的图像
   D．JPEG 格式可以保存半透明图像

2. 下列选项中，创建的空白画布资源支持真色彩的函数是（   ）。（单选）
   A．imagecreate()   B．imagecreatetruecolor()
   C．imagecreatefromgif()   D．imagecreatefromjpeg()

3. PHP 中用于判断文件是否存在的函数是（   ）。（单选）
   A．fileinfo()   B．file_exists()   C．fileperms()   D．filesize()

4. fileatime() 函数能够获取的文件属性是（   ）。（单选）
   A．创建时间   B．修改时间   C．上次访问时间   D．文件大小

5. 下列选项中，imagerectangle() 函数用于绘制（   ）。（单选）
   A．一条直线   B．一个矩形   C．一个三角   D．一个圆

四、操作题

1. 在网站后台中完成日志文件的管理，以列表形式显示所有日志文件。
2. 实现日志信息的查看功能。
3. 实现日志文件的批量删除功能。